自然生活家 40

食蟲植物

在家也能種

Carnivorous
Plants

小鴨王 Duckking —————— 著

晨星出版

Contents
目 錄

CHAPTER 3 豬籠草篇

作者序

　　每當小鴨在花市擺攤推廣介紹食蟲植物時，常會被客人問到：「你是園藝相關科系畢業的嗎？」其實不是，小鴨雖然念高職沒錯，但當時讀的是「機械工程科」，正常的高職生如果要升學，應該是去就讀二專或四技，小鴨卻也沒照走，反而轉考大學去念「媒體設計科技學系」，直到畢業之後依舊沒有乖乖進入傳統設計相關的公司行號，而是先後投入到醫學相關及太陽能產業公司就職，正當人人都很羨慕能在科學園區上班當新貴的時期，小鴨卻選擇離開轉身投入到食蟲植物這個新世界裡。呱哈～從這些詭異的經歷中您就可以發現小鴨王其實是非常跳 TONE 啦！

　　一般人會選擇的康莊大道對於小鴨來說實在難有吸引力，反而是那些詭譎多變的叢林小路會讓小鴨一整個興奮不已。講這麼多又和食蟲植物有什麼關係呢？呱哈～這當然有關係囉！原本一般的植物就只能乖乖等著被蟲吃，但是食蟲植物卻能打破常規反過來捕食昆蟲，這樣叛逆又搞怪的角色不就和小鴨的個性一模一樣嗎？正因如此，小鴨王才會這麼喜愛食蟲植物，喜愛到想要去推廣它們，讓更多人能夠認識這個奇妙又可愛的食蟲植物。

　　誠如前言，小鴨王並非園藝相關科系的學生，雖然愛搞怪但是也很實際，因此本書不會去講解什麼艱澀的專業術語，也不是記載特殊品種的植物圖鑑，本書的目標對象就是給初入門道的您、我、他一樣，將小鴨在各地栽培多年食蟲植物的經驗分享給您，以一般民眾所擁有的居家環境來講解，也只介紹在普通市場上有販售，能輕易入手的食蟲植物，透過直白又接地氣的講解方式，希望讀者您也能在家簡單輕鬆的栽培食蟲植物，成為一位優秀的「庶民蝕客」囉！呱哈～

CHAPTER 1

食蟲植物
的基本知識

Q 什麼是食蟲植物？
食蟲植物真的會吃蟲嗎？

　　小鴨王在建國花市擺攤時經常會有一些花友和客人，帶著詭異的笑容來詢問：「老闆，這些植物真的會吃蟲嗎？」小鴨都會用非常肯定的語氣來回答：「當然！這些植物都是會捕捉獵物的，不過抓到的不一定全都是蟲啦！」就在大夥睜大眼、張大口想要一瞧究竟時，小鴨就會抓緊機會繼續解說下去，全世界的食蟲植物種類非常多，有十二個科，二十個屬，光是品種就高達六百多種，而且每年都還陸續有新品種被發現。

　　它們大多自有一套特別的機制來「吸引」獵物上門，並且透過各種特殊造型演化而來的捕蟲器「捕捉」獵物，最後再經由消化液「消化與吸收」獵物，藉以補足自身環境所不足以提供的養分，基本上，只要滿足「吸引」、「捕捉」、「消化與吸收」這三個流程，就算是正港的食蟲植物。

　　不過就像小鴨之前提到的，雖然大多數的食蟲植物都是以小型昆蟲為主要獵捕對象，不過也是有一些體型比較大的食蟲植物像是豬籠草，有機會捕捉到像是老鼠、青蛙、小蛇等小動物，因此在國際上我們通常不會用 Insectivorous Plants「食蟲植物」稱呼它們，而是以 Carnivorous Plants，也就是「食肉植物」來稱呼會比較正式，不過因為大家都習慣了，所以接下來還是用食蟲植物繼續介紹，只要大家瞭解它們的正式稱呼就可以了。

　　那麼食蟲植物為何會需要捕食獵物呢？這是因為它們大多都是生長在土壤貧脊、環境惡劣的地方，這些地方長時間高頻率的經過雨水沖刷，導致土壤中植物所需的養分和有機質都被沖洗掉，大多數的植物皆難以長時間成長或是繁殖，就只有食蟲植物能夠透過捕食獵物來補充養分，持續不斷的生存下去。

吸引

食蟲植物都會有一套吸引獵
物的方式，像是圖中的瓶子
草就是利用瓶口所分泌出甜
甜的蜜汁吸引了一隻小蝸牛
前來享用。

捕捉

食蟲植物的陷阱是有針對性
的，它們不會捕捉超出自身能
夠消化尺寸的蟲子，像是圖中
的毛氈苔就是專門捕捉小果蠅
或小蒼蠅等這類小型昆蟲。

消化

被捕捉到的獵物會透過食蟲植物
的消化系統來分解吸收成為植物
所需的養分，剩下無法分解的甲
殼或殘骸就會留下，等候被風吹
落或雨水沖走，掉落到土中再被
細菌和微生物完全分解。

Q 為什麼要栽培食蟲植物？

如果以感性的角度來看，其實這問題並無正確答案，就像是情人眼裡出西施一樣，喜歡上一個人和喜歡上一種植物有時並不會有任何理由，單純就是「煞到」，也就是愛上它啦！

不過若以理性的角度來看，小鴨王倒是有見過不少人持不同理由，像是有些人會強調功能性，比方說將食蟲植物栽培在廚餘和堆肥回收桶附近，以幫忙捕捉惱人紛飛的小果蠅；或是追求娛樂性的把食蟲植物當作寵物一樣來飼養，透過換盆、換土、澆水和餵蟲來達到娛樂互動和紓壓效果；又或是將栽培食蟲植物當作是一種修煉，收集各種栽培知識、嘗試各式栽培技巧，來讓您的植物像是藝術作品般昇華耀眼。

總而言之，坐而言不如起而行，管它什麼好理由，若沒有親身去經歷，就算看過再多的文字與圖片，也無法體會那種喜悅與樂趣。小鴨王誠心建議您可以跟著書上一起學，先種一盆食蟲植物再說，接下來您就能夠慢慢體會到它們的魅力，再從栽培過程中找出您的理念與方向吧！

Q 食蟲植物如何捕捉獵物呢？

全世界的食蟲植物有這麼多種類，到底它們都是利用什麼方式來捕蟲呢？其實如果仔細分門別派的歸類，大概有五種方式，分別是閉合派、陷落派、沾黏派、吸入派、迷宮派，每一種食蟲植物都掌握獨特的一套捕蟲絕活，我們可以透過植株的外觀和捕蟲器來觀察了解，您手頭上的食蟲植物究竟是屬於哪一種派別。

閉合派：

閉合派的最佳代表就是捕蠅草，捕蠅草的捕蟲葉就像是兩片貝殼形狀的捕獸夾，在葉夾內側有著許多短短的感應毛，

當小蟲被紅色葉夾給吸引，在捕蟲夾上取食蜜汁而四處遊走時，很容易就會不小心碰觸到這些短小又敏感的感應毛，一旦小蟲碰觸到感應毛之後就會觸動陷阱，捕蠅草的捕蟲葉就會神速的閉合起來，並且開始擠壓和分泌消化液來消化獵物。

MEMO

除了捕蠅草之外，還有一種水生的食蟲植物叫做貂藻，它們也是利用捕蟲夾的模式來捕捉水中的小蟲，就像是水中的捕蠅草一樣。

陷落派：

陷落派是食蟲植物圈中最大的派別，有許多不同品種的食蟲植物都是採用這種方式來捕食獵物，這類的食蟲植物大多都會擁有像是袋子或瓶子形狀的捕蟲葉，透過特殊的顏色、光線、氣味和蜜汁等誘因來吸引獵物上門，再讓它們不小心跌落到瓶袋之中，由於瓶袋的內壁厚實又光滑，獵物難以攀爬逃脫出去，只能夠在瓶中慢慢地被消化液給淹死並且消化吸收掉。

不小心碰觸到黏液之後，就會被這無數的腺毛和黏液給包裹起來，最後慢慢地被消化吸收掉。

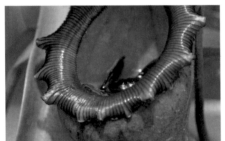

沾黏派：

毛氈苔是沾黏派中最具代表性的食蟲植物，它們的捕蟲葉身上總是有著無數數不盡的腺毛，而這些腺毛頂端都有著一顆分泌黏液的腺體，這些黏液會散發出一種獨特的味道吸引小蟲獵物上門，當小蟲一

MEMO

除了毛氈苔以外，看起來長得很像石蓮花的捕蟲堇，也是使用葉面上無數細小短淺的腺毛來沾黏捕捉小蟲喔！

吸入派：

　　狸藻是一種生長在潮溼水源處的食蟲植物，它們的根莖有著無數像是氣球般的捕蟲囊，平常處於負壓真空狀態，當小蟲碰觸到捕蟲囊袋口的感應觸鬚時，囊袋口就會打開將小蟲和水一同吸入袋中，在袋內外的壓力平衡之後袋口就會緊閉，並且開始把囊中的小蟲慢慢地消化吸收，這就是吸入派的捕蟲方式喔！

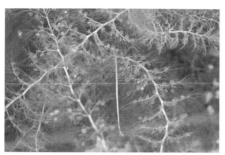

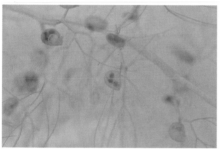

迷宮派：

　　也有人稱為「蝦籠派」的說法，這是因為使用這種派別來捕捉獵物的食蟲植物，它們的捕蟲器設計就和早期人們在溪河邊用來捕捉魚蝦的篝子一樣，這種用竹子或藤條編織的魚篝入口大出口小，能夠讓魚蝦輕易的游進篝子，卻不容易出來，而鸚鵡瓶子草就是利用這種蝦籠造型的捕蟲器，以及瓶壁內側的導引毛來迫使獵物只能前進，無法退出，最後陷入捕蟲袋的深處而被困住消化，就像是諸葛孔明的八卦迷宮陣一樣有進無出。

Q 是要先買植物，
還是先認識植物呢？

「衝動」是人們在購物時最先有的感覺，小鴨完全能夠理解蝕友們在看到喜歡的食蟲植物時，那種不買不快的感覺，因為小鴨一開始接觸到食蟲植物時也是這樣子。那時的小鴨王就像 Crazy Duck 一樣四處收購食蟲植物，不論什麼品種、任何地方、只要聽說哪兒有在販售食蟲植物，小鴨就會立馬飛奔過去，不過這樣不理性的行為也給小鴨帶來不少問題，在沒有認清植株的生長環境和特性之前就衝動購入，只會讓植株在您的手上越種越差，此外，沒有仔細觀察架上的植株是否健康就搶著入手，也讓小鴨嘗試過多次夭折損失金錢的回憶，隨著栽培空間和環境條件有所限制下，小鴨也慢慢地留意到只有多認識瞭解植物，才能夠讓您的熱情和興趣維持的更久。

舉例來說，在花市常常會有客人問小鴨：「這個植物好養嗎？」小鴨就會回答：「如果您的栽培環境適合它們的話，只要搭配良好的栽培習慣，那麼就會非常好養囉！」會這樣回答就是因為大多數的民眾

並不是很瞭解眼前植物需要什麼樣的生長條件。如果您把需要強光直射的植物擺在室內陰暗的角落裡，那麼結果當然可想而知不會是很好，因此如果能夠事前調查這些植物的生長環境和需求，那麼就能提升栽培成功的機率，以及延長植物生長的壽命，這樣才不會花了錢購入植物，最後在還沒搞清楚狀況之前就全數罹難去了。呱嗚～要記得咱們老長輩們俗語說的：「大火快燒！爛的快，小火慢燉！較長久。」

如果能夠先瞭解自家的栽培環境，看看您家的陽台是哪個座向？每天陽光照射的時間有多長？當資訊掌握的越詳細，就越能夠幫助您找到合適的植物來栽種，一旦生長條件正確的話，那麼栽培維護起來就會變得輕鬆自在，您所培育的植株也會健康漂亮又美麗迷人喔！

為了能夠幫助蝕友們減少挫折感和少走冤枉路，小鴨才會想要撰寫這本書，來給初學入門者作為奠定基礎與參考指南，您只需要照著書上的解說和建議一步一步穩健地踏進食蟲植物的圈子就可以囉！呱嗚～

MEMO

小鴨王除了不定期會到建國花市去擺攤推廣外，為了讓更多的朋友們有機會能夠接觸到食蟲植物，只要有空，檔期可排，小鴨也會在建國花市或是各社區大學及公司行號舉辦相關主題的展覽和講座課程喔！如此賣力地推廣就是希望能夠幫助更多朋友來瞭解認識食蟲植物，只要觀念正確地將它們栽培在合適的環境下，那麼之後的照顧與維護就會更加輕鬆，栽培成功的機率也會大大提升喔！

小鴨王的課程講座

Q 我可以去哪裡買到食蟲植物呢？

和十幾年前小鴨剛開始接觸的時候相比，現在已經有很多地方都能夠看到食蟲植物的蹤影啦！最常見，也是小鴨最推薦的就是先從生活周遭的花市開始逛起。北台灣的話最推薦以台北建國假日花市為首，在建國花市裡除了有小鴨王和另一位多肉植物玩家，古巴兒一起合組的攤位「肉食主義」外，也有不少優秀的業者在經營販售食蟲植物，像是攤位號碼 514 的「愛蘭園藝」就是小鴨每次去花市必定會逛的攤位。老闆夫妻金先生和金太太也是認識多年的好友，除了台北建國花市外，小鴨王也和新竹北埔綠世界、誠品信義和松煙店合作，以上地方皆有擺設販售小鴨王所出品的食蟲植物喔！

中台灣的朋友們可以到台中的大里花市逛逛，裡面也有些攤商會販售食蟲植物，以及寄賣一些蝕友們栽培的植株。此外，還有彰化田尾的公路花園，這裡有無數的園藝店家林立，若您時間充足的話可以慢慢一間一間逛，小鴨會特別推薦三間店家，像是鳳凰花園、紅樹林園藝以及綠光森林，這三間都位在同一條路上，非常接近，同時也都有進貨出售食蟲植物。南台灣的朋友們可能就要到高雄的勞工公園花市，或是到台糖花市走走逛逛，應該也會有一些小攤在販售食蟲植物。

MEMO

小鴨並不是每週都會到建國花市擺攤，另外，建國花市屬於假日花市，只有週六、日才會對外開放，平常日只是提供給一般民眾使用的停車場。想要知道小鴨什麼時候會擺攤，可以參考台灣蝕會臉書粉絲頁上的活動內容，小鴨王通常都是在建國花市的第六區擺攤，蝕友們只要進入花市後抬頭向上觀察，每一個橫向的橋墩上頭都會噴有數字號碼，小鴨的攤位大多都是位在六號下方的附近。

除了花市外，也有一些對外開放參觀的園子，像是位於宜蘭縣員山鄉「波的農場」就是非常知名且悠久的食蟲植物主題園區，農場裡有著數不盡各式各樣的食蟲植物藏在裡頭，進入園子就好像是置身在熱帶雨林一般。此外，園主波哥飽讀詩書充滿哲學，大夥可以一邊欣賞美蟲一邊聽聽波哥的哲理喔！另外，在南投還有一間玫君花園更是不能錯過，園子的主人玫君阿姨也是栽培食蟲植物許久，非常熱情又和藹可親的老前輩喔！園中主要以瓶子草、毛氈苔以及捕蠅草為主，非常值得您驅車前往一訪。不過，無論是哪一間園子或農場，主人平時都有數不盡的農務在忙，若計畫前往，最好是先透過電話聯繫確認時間之後再去，才不會打擾到對方喔！

再來要聊的通路就是網路商店啦！蟲友們可以透過露天拍賣或是蝦皮購物網站找尋到許多食蟲植物賣家，雖然小鴨王也有架設專門販售食蟲植物的台灣蟲苑賣場網站，不過說實話，還是誠心推薦蟲友們能夠親自到花市去選購植株才是最佳的選擇，因為大多數食蟲植物都不太適合經過打包和運送，像是毛氈苔的根系非常脆弱，在經過長途配送的搖晃碰撞過程後，原本元氣飽滿、閃閃動人的小毛大多會元氣大傷，變得又醜又弱。所以建議各位最好的採購模式還是親眼看到實體植株，再親手將它們平安地帶回家中。小鴨也喜歡在購入植物時和對方面對面聊聊，除了從中獲取寶貴的栽培知識與技巧外，也能順道相互交流或詢問其他可能入手的植株，這樣的流程能夠認識更多朋友，也能夠讓您在食蟲植物圈中得到更多的機會與資源喔！

MEMO

除了以上這些通路外，其實有不少食蟲植物相關的臉書社團會不定期舉辦食蟲植物交流會，這些交流會通常有不少食蟲植物相關業者和同好參與，也是一個非常適合交流和入手美蟲的好管道。

MEMO

台灣各地食蟲植物銷售據點一覽表格

 台北建國假日花市

http://www.fafa.org.tw/

住址：台北市建國南路高架橋下，信義路和仁愛路間

營業時間：星期六、星期日 / 上午 9：00 ～下午 18：00

 台灣蝕會（肉食主義 ─ 小鴨王的攤位）

https://www.facebook.com/pg/taiwancp/events/

住址：建國花市的第六區六號橋墩下，剛好在花市的服務台附近

營業時間：同建國花市 但不是每週都有喔！

 綠世界生態農場

http://www.green-world.com.tw/phone/about.html

住址：新竹縣北埔鄉大湖村 7 鄰 20 號

電話：03-580-1000

營業時間：每日 / 上午 8：30 ～下午 17：30

 台中大里國光假日花市

http://www.ttfa.com.tw/flora.php

住址：台中市大里區國光路二段 100 號

營業時間：星期六、星期日 / 上午 9：00 ～下午 18：00

 鳳凰花園

http://048234069.tranews.com/

住址：彰化縣田尾鄉民生路一段 478 號

營業時間：每日 / 上午 8：00 ～下午 18：00

MEMO

 紅樹林園藝
https://sites.google.com/site/redtrees8225449/
住址：彰化縣田尾鄉民生路一段 477 號
營業時間：每日 / 上午 8：00 ～ 下午 18：00

 綠光森林
http://greenlight.mystrikingly.com/
住址：彰化縣田尾鄉民生路一段 375 號
營業時間：每日 / 上午 8：00 ～ 下午 18：00

 玫君花園小品
https://class.ruten.com.tw/user/index00.php?s=ken4366
住址：南投縣埔里鎮隆生路 90 之 12 號
電話：0922-989849 江太太（參觀前請先電話聯繫）

 波的農場
http://www.pos-bieipo.com/
住址：宜蘭縣員山鄉枕山村枕山路 149-41 號
電話：03-9232209
營業時間：星期六、星期日 / 上午 9：00 ～ 下午 18：00
　　　　　（平日需額外預約）

高雄勞工公園假日花市
住址：高雄市一德路與復興路交叉口
營業時間：星期六、星期日 / 上午 9：00 ～ 下午 18：00

我應該如何挑選健康的
食蟲植物呢？

人說貨比三家不吃虧！想要挑選到優質的食蟲植物也是一門學問。小鴨建議蝕友們在掏錢下手開買之前，可以先把所有販售食蟲植物的攤位都看過一遍，觀察到底各個店家都在販售哪種類型的食蟲植物，因為食蟲植物其實也和蔬菜水果一樣有時令節氣之分，夏天有夏天盛產的種類，冬天有冬天適合生長的植株，如果您發現各家攤商都有在販賣同一品種的植株，那麼就可以大致確認這個季節盛產的食蟲植物就是它啦！而選擇當季的植株通常都是比較好照料且容易入手的品系，假如您是生手初學入門者，那麼可以優先挑選各家攤商都有在販售的同種植株，這樣就比較不會踩雷，買錯東西。

再來就是要仔細觀察植株的外觀、特徵與捕蟲器是否健康。健康的食蟲植物通常其捕蟲器看起來都會非常有活力，像是健康的捕蠅草夾子就是鮮豔又迷人，每個夾子都張得大大地，好像隨時要咬人一樣，至於毛氈苔則是充滿水珠黏液，閃閃發光的捕蟲葉上甚至還有剛沾黏捕捉到的小蟲，而豬籠草更是簡單，只要頂芽硬挺又結出許多新鮮的捕蟲瓶，那麼這就絕對是一株健康的植株。

除了查看植株整體的外觀和捕蟲葉外，蝕友們也可以仔細檢查種植的盆土，如果盆土已經出現萎縮或是發黑，盆底有水溝味發臭等情況時，就要留意該植株的栽培時間可能已經非常久了，需要額外幫植株更換盆土，這時您也可以順便在花市採購所需的介質與盆器，才不用再跑一趟。

MEMO

想要挑選優質的食蟲植物
其實很簡單也很直覺，只
要觀察該植株是否有生長
出健康的捕蟲器即可分辨，
就像圖中的捕蠅草、毛氈
苔和豬籠草一樣，如果想
要看得更仔細，甚至可以
觀察看看捕蟲器中是否有
被捕捉到的小蟲，只要食
蟲植物能夠正常獵取食物，
那麼該植株目前一定是健
康良好的狀態。

健康的豬籠草

健康的捕蠅草

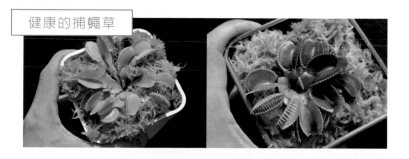

健康的毛氈苔

Q 台灣有哪些原生的食蟲植物？

目前市面上所流通的食蟲植物大多都是從國外進口，其實台灣也有土生土長的原生食蟲植物喔！它們大多都是生長在擁有充沛且乾淨水源的溼地與池塘，小鴨王只要有空就會和家人一同前往山區走走逛逛，這些年來已經發現多處原生地。不過誠心建議蝕友們不要直接去挖取這些植株，因為它們的根系大多非常脆弱，再加

上野外的土壤有著許多不明的蟲菌，就算採集帶回家也不見得能夠種活，假如您是真心想要採集栽培的話，可以等到花季來臨時，摘取成熟的花苞裝一些種子在夾鍊袋子內，剩下的花梗和種子可以幫忙播撒在原生地四周，回家之後用乾淨的介質來栽培，透過播種的方式栽培才是最優的方式喔！

小毛氈苔 *Drosera spatulata*

小毛氈苔是台灣原生種的食蟲植物，其分布範圍廣泛，經常聚集生長在充滿水氣的潮溼山壁上，若您經常在台灣北部爬山活動的話，很容易就會發現到它們的小族群，像是陽明山、五指山、深坑、石碇等處，山路或步道都有它們出沒的蹤跡，只要您的運氣好一些，眼睛利一點，就能在向陽的土坡山壁上看到它們。由於它們是一年生的食蟲植物，所以不建議大家去挖取採集，因為挖回去沒多久就會壽終正寢自然夭折，若您真的有心想要嘗試栽培的話，建議可以在 3～6 月的開花季來採集種子會比較妥當。

延伸閱讀

小鴨王部落格有小毛氈苔的詳細介紹，在此提供給讀者們參考看看。
https://taiwancp.blogspot.com/2010/01/drosera-spathulata.html

寬葉毛氈苔 *Drosera burmannii*

和小毛氈苔有些神似，同樣也是一年生的寬葉毛
氈苔，葉身比小毛氈苔更加短小，看起來就像是
一枚綠色的錢幣般，有著「錦地羅」和「落地金
錢」的有趣別名，目前只有在新竹蓮花寺和金門
的溼地有它們的蹤跡，成熟植株會開出白色小花，
想要在野外一睹它們的真面目可說是難度非常
高，不過小鴨王相信或許在台灣山區的某處，它
們一定還有些未被發現的族群小部落存在。

延伸閱讀
小鴨王部落格有寬葉毛氈苔的詳細介
紹，在此提供給讀者們參考看看。
https://taiwancp.blogspot.
com/2011/05/drosera-burmanni.html

長葉茅膏菜 *Drosera indica*

同樣也是一年生的毛氈苔，植株體積可以長到
50cm，算是中大型尺寸的毛氈苔，細長的捕蟲葉
全都布滿了腺毛與黏液，靠近仔細嗅聞的話還能
聞到植株身上所散發，用來引誘昆蟲獵物的特殊
氣味。和寬葉毛氈苔一樣，族群也是越來越少見，
除了新竹和金門溼地外，也有部分族群在苗栗現
身。

延伸閱讀
小鴨王部落格有長葉茅膏菜的詳細介
紹，在此提供給讀者們參考看看。
https://taiwancp.blogspot.
com/2010/06/drosera-indica.html

絲葉狸藻　*Utricularia gibba*

除了之前介紹幾款陸生的食蟲植物外，咱們寶島
台灣其實還有許多非常特殊的食蟲植物，只是因
為它們生長分布的範圍狹窄，長相也不怎麼起眼，
所以沒有多少人注意到它們，像是絲葉狸藻就是
生長在水源乾淨的湖泊和水田之中，它們的捕蟲
囊會捕捉水中小型生物，尤其是蚊子的幼蟲孑孓
更是它們的主食來源，當植株成熟時就會從水底
抽出長長的花梗開出黃色小花，想要探尋它們的

芳蹤可以查看一些乾淨的水池，小鴨就曾在山區
公園裡的蓮花池塘看過不少它們的身影，只是還
沒有花朵之前，它們就像是漂流在水面上的纖細
雜草，毫不起眼，若您仔細觀察發現到一顆顆透
明的氣泡球囊，那麼就應該是狸藻準沒錯啦！

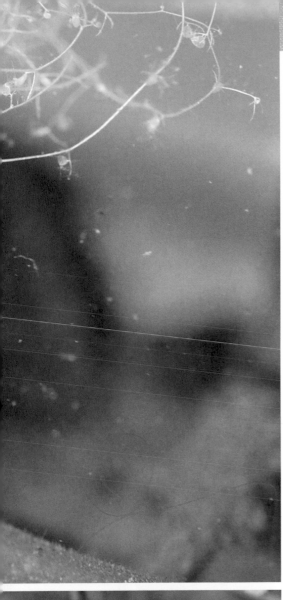

MEMO

除了絲葉狸藻外，台灣其實還擁有
許多不同品種、類型的水生狸藻，
像是黃花狸藻 *Utricularia aurea* 和
南方狸藻 *Utricularia australis*，這
兩款都有紀錄和記載，曾有人發現
過它們的蹤跡，不過後來因為原生
環境的水質被改變或破壞後，現在
已經鮮少有機會在野外看到它們的
族群。

Q 老闆～我要找真正會吃蚊子的植物，您可不要騙我喔！

也許是受到太多業者與民眾的誤導，有很多人常把所有的食蟲植物當作捕蚊道具來看待，這點其實需要經過完整說明才能幫助大家釐清真相。首先，要先確定一點，食蟲植物會捕食昆蟲和獵物這點絕對是毋庸置疑。小鴨常常聽到許多客人來抱怨說自家的食蟲植物根本不會吃蟲，就算種了好多株也還是會有討厭的蚊子出來咬人，甚至還有一種說法，宣稱目前市面上的食蟲植物由於人為栽培關係，已經完全退化失去捕食昆蟲能力這種誇張又錯誤的說詞，其實它們根本沒有退化，也依舊會捕捉昆蟲，只是大多數的民眾誤解它們了。

食蟲植物當然會吃蟲，不同品種的食蟲植物會吸引不同類型的獵物，像是捕蠅草的專屬對象就是蒼蠅，而毛氈苔最常捕捉到的就是小果蠅，至於豬籠草的飲食範圍更廣，像是螞蟻、蒼蠅、蟑螂、蜜蜂、飛蛾等，只要對豬籠草所分泌出來的蜜汁有興趣能被吸引過來，大小又恰巧符合捕蟲袋尺寸，那麼所捕捉到的獵物幾乎都是豬籠草的食物，正因如此，若想要讓您的食蟲植物真正發揮功效，就要仔細且完整的認識它們，除了要瞭解您想要對付的害蟲對象是誰外，也要知道手頭上的食蟲植物應該提供什麼樣正確的環境來讓它生長，只有配對正確才能夠發揮它們的功效，達到您所想要的目的。

舉例來說，如果您想要以廚房的螞蟻為捕捉對象，那就不能用捕蠅草去應對，因為螞蟻的體積太小，根本無法觸動捕蠅草的捕蟲器，所以捕蠅草是無法幫您捕捉小螞蟻的，這時候，應該要派出豬籠草，豬籠草的蜜汁會將螞蟻們吸引過來誘殺至捕蟲瓶中，因而能夠有效消除一定數量的螞蟻，但也別天真的以為所有螞蟻都會被捕捉殆盡消失無蹤喔！因為不論食蟲植物再怎麼強大，它們依舊還是處於被動式的捕蟲法，所以可別把食蟲植物當作化學殺蟲劑來看待。

至於大夥最關心的捕蚊植物是哪幾種呢？結論可能會和大家所想像的有段頗大的差距。實際上以蚊子為主要取食對象的食蟲植物，其實是水生類型的食蟲植物，像是狸藻或貉藻都是會吃蚊子的食蟲植物，不過它們主要捕食對象都是蚊子的幼蟲，也就是孑孓。生長漂浮在水池湖泊表面的狸藻與貉藻，它們的捕蟲器和誘捕獵物的對象就是以孑孓為主，所以要說真正捕蚊的食蟲植物，並不是大夥常見的豬籠草、毛氈苔或捕蠅草等，而是水生的狸藻和貉藻。當然，若您把蚊子打死丟進豬籠草的捕蟲袋中，它們的確也會消化吸收蚊子，不過會自己投入豬籠草捕蟲瓶中的蚊子，大多都是一些以吸食蜜汁露水為主的草蚊或雄蚊，而一般民眾所認定的蚊子是會吸血的雌蚊，講到這裡是否已經把您心中疑惑許久的問題解開了呢？

MEMO

如果要說真正以蚊子為主要捕食對象的食蟲植物，就是像貉藻或狸藻等這類水生的食蟲植物，因為它們都是以捕食蚊子的幼蟲孑孓為主要目標對象。

Q 食蟲植物 常用的介質與土壤介紹

水苔

　　常被用來栽培蘭花的一種介質，弱酸又沒有含肥的性質剛好符合食蟲植物的需求，使用前先泡水以讓水苔吸飽水分後，擠除多餘水分再拿來運用，幾乎所有的食蟲植物都可以使用水苔來栽培，不過因為保水性極強，不太適合墊上水盤使用腰水栽培，留意給水頻率與時機，才不會太過潮溼造成植物根系透氣不佳。

乾燥水苔

泥炭土

　　它們其實是水苔經過長時間沉積壓縮和變質後的產物，質地更酸，但具優異的保水性，為了增加透氣性和排水性，小鴨王通常會搭配一些顆粒石或樹皮等介質來混合使用，市面上所販售的泥炭土大多已調整過酸鹼質和混合基礎肥料，想要買到可以用在食蟲植物上的極少，必須透過特定的園藝資材廠商來購買，小鴨王會建議您上網搜尋「花園城堡」或「台灣蝕苑」，這些網站都有販售已分裝好的包裝可供使用，切記挑選有特別標注「無調整」或是「Natural」等字樣，才是能拿來栽培食蟲植物的泥炭土喔！

泥炭土

竹炭、碳化稻穀

　　這些經過高溫碳化處理的介質也可以少量比例搭配在混合介質中使用，它們能夠幫助您的介質不會變質酸化地太快，同時也能幫助一些益生菌繁殖，一樣具有鬆土、排水和透氣的性質。

竹炭

碳化稻穀

赤玉土、鹿沼土、蘭花石、博拉石

　　這些都是花市非常容易見到的顆粒土，品質好的顆粒土雖然價錢比較貴一些，但是質地扎實，使用期限越久，也越不容易變質、分解和泥化，可以將它們混合在泥炭土中幫助排水透氣。假如您栽培的是捕蠅草、毛氈苔這類小型食蟲植物的話，可以選用細顆粒或是砂顆粒這類較小的顆粒來混合，以完整地包裹植株細嫩的根系，若您想要種的是像豬籠草、瓶子草等這類根系比較粗大繁多的植物，那就選用中顆粒來混合搭配較佳。

| 赤玉土（砂粒） | 鹿沼土（砂粒） | 博拉石（砂粒） |
| 赤玉土（粗粒） | 鹿沼土（粗粒） | 博拉石（粗粒） |

樹皮、蛇木屑、椰纖土

　　這些都是經常拿來混合使用在泥炭土中，它們本身就是天然的介質，能夠幫助植株根系良好排水和透氣，若您所栽培的食蟲植物是屬於附著在其他植株身上的特性，像是某些著生類型的豬籠草，就可以搭配少許自然介質來模擬天然的生態環境。

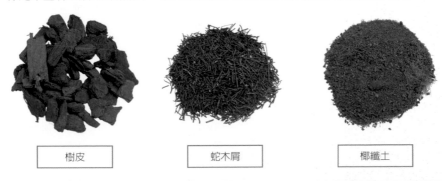

| 樹皮 | 蛇木屑 | 椰纖土 |

Q　什麼時候需要更換盆土呢？

使用花盆栽種時間久了，很容易出現土壤流失或變質等問題，這時就需要來幫植物們更換或是補充新鮮的盆土。在更換盆土前，先判斷手頭上的植物是屬於一年生還是多年生品種，若是一年生那麼大多不需要更換盆土，直接採取它們開花的種子來種到新的盆土即可，像是部分一年生的毛氈苔品種，假如是豬籠草、瓶子草或捕蠅草這種多年生的食蟲植物，那麼最好不要太過頻繁經常性的更換盆土，畢竟植物的根大多都是很敏感脆弱，因此建議最好是以一年更換一次為主，那麼究竟什麼現象才是更換盆土的時機呢？

狀況一：土壤流失＋雜草叢生

經過夏季大雨灌沖的季節後，最容易遇到盆土被沖走流失掉，只要發現盆土流失到只剩下一半左右時，就要進行更換或添加新土，避免土壤流光後根系曝晒在陽光下，此外，雜草長得太過茂盛將原本的主角植物給掩埋，為避免雜草的根系糾結干擾到植株的生長空間，我們必須把植株整盆挖起倒出，小心去除雜草的根系後，將舊土壤和新土壤混合後再重新植入，就能讓您的植株重獲新的生長空間。

土壤流失雜草叢生

狀況二：花盆脆化＋植株擁擠

有些食蟲植物的根系非常茂盛，像是豬籠草只要栽培時間一久，長時間曝晒陽光，塑膠盆器就很容易脆化龜裂，這時一定要更換新的盆土，不然植株根系很有可能會跑出盆外，甚至吊盆的鉤條會脫落斷裂，導致您辛苦栽培的植物摔落砸破，因此更換更大或更穩固的盆器會比較安全。

花盆脆化植株擁擠

延伸閱讀

小鴨王的部落格有更進一步介紹什麼時候應該換盆換土。

https://taiwancp.blogspot.com/2017/04/blog-post_25.html

Q 我應該把食蟲植物種在家中的哪個地方呢？

想要種好任何植物，首先就是要提供符合這些植物的生長環境與條件，假如您將植株擺放在一個不正確的地方，那麼您的植株每天待在那裡就只能不停地忍耐，當環境惡劣到超乎植物的忍受極限時，那麼無論您給予任何黃金肥料或超級營養劑也都徒勞無功，因為它們無法正常地吸收，也不會轉換為成長能量，只會一直不斷地累積壓力、越長越差，最後歸西去了。

相反地，若您將植物擺放在家中最符合它們生長條件的位置時，每天提供它們足夠的光照條件，植株自然就會開心生長，並且開始產出許多捕蟲器來捕食獵物

增加養分收入，就算您沒有刻意去餵食或施肥，食蟲植物依舊會生長地非常優美，栽培者也就變得非常輕鬆，只要定期給水和拔拔雜草就能夠看著它們輕鬆愉快的長大成熟。因此，選對好的地點來栽培食蟲植物可是非常重要的課題，小鴨會在接下來的章節內容與大家分享，不同品種的食蟲植物適合栽培在家中哪個角落與環境。

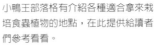

延伸閱讀
小鴨王部落格有介紹各種適合拿來栽培食蟲植物的地點，在此提供給讀者們參考看看。
https://taiwancp.blogspot.com/2017/04/blog-post.html

CHAPTER 2

捕蠅草篇

Q 捕蠅草的基礎知識介紹 ── 原生環境

　　若要說食蟲植物界中最受歡迎、最閃亮，也最有名氣的明星植物是誰？那答案絕對是捕蠅草莫屬。捕蠅草有許多別名和暱稱，在歐美，大多數的人稱呼它為 Venus Flytrap，而 Venus 就是西方神話故事中掌管愛情和美麗的女神 ── 維納斯，會用此命名除了捕蠅草在靜止時看起來就像女神細長的睫毛一樣美麗外，也有一說是捕蠅草在捕食獵物時就像生氣的女神一樣恐怖，而日本的朋友則是稱呼它們為ハエジゴク，這ハエ也就是英文 Fly 的意思，指的就是蒼蠅等小飛蟲之類，而ジゴク就是地獄的意思，因此整合起來就是蒼蠅的地獄喔，這也表示捕蠅草正是捕捉蒼蠅的高手植物。

　　捕蠅草原生於北美洲的北卡羅來納州和南卡羅來納州，原本因為棲地的破壞，使得它們的數量與範圍大幅減少，不過在政府的嚴格規劃與保護下已經獲得改善，甚至還成功拓展移植族群到佛羅里達州、加利福尼亞州和紐澤西州等地生長。為了保護原生棲地不受破壞和盜採，當地任何摘取和採挖行為皆是嚴格禁止，然而托現今植物組織栽培技術非常進步的福氣，再加上世界各地都有非常多優秀的園藝業者，利用無性繁殖的組織栽培技術來生產各色各樣不同個體的捕蠅草，才能夠讓我們在市場上經常見到它們的倩影喔。

MEMO

既然有著蒼蠅地獄的稱號，大名又被叫做捕「蠅」草，那麼想當然它們就是以蒼蠅為主要捕食對象。健康的捕蠅草最常捕捉到的獵物就是這種胖胖圓圓的小蒼蠅，呱哈！

Q 我應該將捕蠅草栽培在
何種環境空間呢？

　　怎麼樣能夠幫植株安排在最適合的地方來栽培，小鴨王最優先考量的條件要素就是「光照」囉！以捕蠅草為例的話，可以優先尋找座向方位是向東的陽台或是窗戶，因為向東的光照時間都是早上陽光剛升起時就開始照射，接下來一直等到中午之後的陽光通常都已經被建築本體給遮擋，所以可以讓您的捕蠅草接受到一整個上午的陽光，而上午的陽光是栽培者最喜歡也是最優質的光照，就算在夏季也不用擔心午後西晒的烈陽會把植株給烤焦，因此東向的陽台光照條件可以說是捕蠅草的最佳選擇。

　　至於西向和南向的陽台因為夏季午後的陽光熱度較高，還有光照的時間會比較長等緣故，蝕友們可以透過架設 50～60％ 的遮陽黑網來減低陽光強度，此環境用來栽培捕蠅草也是沒有問題的，然而最好不要將捕蠅草安置在北向的陽台，因為北向陽台通常只有散射光，光線是不會直接照射到植株本體，頂多就是一些折射明亮的光源，這樣的光照對於喜愛陽光的捕蠅草來說是不太足夠的喔！另外，除了陽光，蝕友們也可以挑選具有雨遮的陽台，或是擺放在室內沒有抗 UV 和隔熱貼紙的白玻璃窗戶旁，此動作主要是讓捕蠅草避免被大雨給澆淋，造成捕蟲夾無端閉合，而浪費了小捕的能量。

延伸閱讀

小鴨王部落格有介紹各種適合拿來栽培食蟲植物的地點，在此提供給讀者們參考看看囉！呱哈～

https://taiwancp.blogspot.com/2017/04/blog-post.html

Q　捕蠅草是如何捕食獵物的呢？

捕蠅草的捕蟲葉就像是一個貝殼狀的捕獸夾般，首先為了吸引小蟲和獵物們的目光，捕蠅草的葉夾內側有著鮮紅的色澤，這讓對顏色非常敏感的昆蟲們能夠快速發現並且被吸引過來，再來捕蠅草的葉夾內邊緣上有著一排分泌蜜汁的腺體，當小蟲們被鮮紅的色澤給吸引過來時，又發現夾子內側還有甜甜的蜜汁可吃，那麼這些貪食的小蟲們自然也就不疑有他的認為捕蠅草只是普通的花朵，開始在夾子上頭四處奔走盡情的享用美食，殊不知捕蠅草的夾子內側有著數對短小不起眼的感應毛，當小蟲在取食蜜汁的過程中不小心碰觸到這些敏感的短毛時，若單純只是碰到一次，捕蠅草是不會立刻閉合的，但是這時恐怖的機關已經正式開啟，如果小蟲在接下來短時間內又再度碰觸到這些感應毛，那麼捕蠅草的捕蟲葉就會像是捕獸夾般迅速閉合起來，這閉合的速度之快，就連那敏捷的蒼蠅也都會來不及反應喔！

MEMO

捕蠅草就是依靠夾子內側那些短短的感應毛（Trigger hair）來辨別是否有獵物上門，這些短小不起眼的感應毛非常敏感，如果有蒼蠅或是小昆蟲碰觸到它們就會觸動捕蟲葉夾閉合的機關，可以說是非常精巧的天然陷阱。

當小蟲被捕蠅草的葉夾給抓住後，蟲蟲們在葉夾中就會開始不斷地四處掙扎，而這掙扎過程中又不斷且不停地碰觸到夾內的感應毛，那麼捕蠅草就會確定葉夾內捕捉到的是活體獵物，開始不斷地緊縮葉夾，就像是包水餃一樣，並且從夾子內側開始分泌消化液來分解消化獵物，在經過

十幾天的時間之後，捕蠅草的夾子才會慢慢地打開，這時小蟲身體的養分通常已經被捕蠅草吸收殆盡，只剩下不太能消化的甲殼殘骸，隨著風吹雨淋時落入土中，再由土中的細菌給分解消化掉，可以說是一點點都不浪費的完美循環。

MEMO

從圖中可以清楚的觀察出被捕蠅草所捕捉消化之後的獵物軀體已經完全乾扁，養分已經全數被捕蠅草所吸收，剩下的就只有難以分解或是養分價值較低的硬殼與翅膀，可以說完美的呈現了食蟲植物的威猛啦！呱哈～

捕蠅草吃剩的殘骸

捕蠅草每天需要多長時間的光照呢？

　　原生地的捕蠅草大多都是生長在空曠的溼地沼澤邊，雖然偶爾也會有一些灌木相伴，但是樹叢並不高大，枝葉也不茂密，最常和捕蠅草共同生長的就是一些矮草與灌木，四周皆沒有什麼能夠完全遮蔽陽光的植物，照理來說它們應當享受著每天超過八小時以上的全日光照環境才是，不過由於台灣的氣候和緯度都與原生環境有所差異，因此小鴨會建議蝕友們可以控制在每天接受陽光直射四～六小時，一開始先從每天四小時的陽光照射開始嘗試，觀察一、二週等到植株都穩定生長沒有出現異常後，再開始漸進的增加光照時數至六小時為目標。

　　要注意一點，捕蠅草無可諱言的是需要陽光照射才能正常生長的植物，假如您的捕蠅草一直處於缺光的情況下，那麼它

MEMO

　　基本上來說，如何從外觀判別您的捕蠅草是否光照充足呢？其實可以從捕蟲夾的內側是否轉紅為指標，不過因為個體差異，有些捕蠅草確實不論如何曝晒葉夾，內側都不會完全轉紅，就像圖中的捕蠅草一樣，頂多就是出現微微地粉紅色，這時候就可以參考其他線索，像是否能夠捕捉到獵物？夾子內側是否充滿光澤？葉柄和葉身是否呈現鮮明的黃綠色等，總之，只要您的捕蠅草看起來兇猛無比就是光照環境和條件符合它們的需求啦！

光照充足的捕蠅草

們的捕蟲夾將會很難變大、變紅，植株也會缺乏元氣，開始出現捕蟲夾無反應或是葉身發軟、徒長等情況，嚴重缺光時會有生長停頓、長不出捕蟲葉夾，甚至衰弱到得病夭折死翹翹喔！呱嗚～

捕蠅草之所以會需要控制光照時數和強弱，是因為台灣夏季的陽光對於它們來說實在是太過炎熱與強烈，隨便就超過38℃以上的超高溫（原生地最高月均溫約31℃左右），所以在台灣本土栽培時並不適合長時間強光直射，尤其是夏季時期，若您的栽培環境光照時間會超過六小時以上，可以加裝 50 ～ 60％遮陽的黑網來過濾減低陽光強度，才不會讓您的捕蠅草被太陽烤焦熱衰竭喔！

MEMO

至於光照不足的捕蠅草小鴨王也為大家準備了對照組，咱們可以從圖片觀察出非常明顯的差異，缺光的捕蠅草葉身會變得比較輕薄細長，同時葉色也會比較偏綠，最重要的是夾子內側完全沒有轉紅的跡象，這種時候就表示您的小捕可能還需要更多一些光照。從花市買回去的捕蠅草很多都是長時間缺光衰弱變形，這時候可別一下子就給予它們超級強烈的陽光，應該要採漸進式的從每天四小時光照直射開始，一個禮拜增加一小時慢慢地來提升才行喔！

光照不足的捕蠅草

Q 我應該用什麼樣的介質來栽培捕蠅草呢？

　　基本上捕蠅草大多都是生長在砂質和泥炭的溼地沼澤上，該地區因為雨水沖刷導致原本可以用來繁盛植物的有機物質難以累積，使得土質貧瘠缺乏養分又偏酸（ph 質介在 4～5），若我們想要栽培捕蠅草的話，就必須準備符合它們生長條件的土壤，也就是要掌握好「酸性」和「無肥」這兩個條件。一般來說，小鴨王會選擇使用泥炭土混合一些砂粒大小的顆粒土（像是桐生砂、博拉石、赤玉土等細顆粒的無肥酸性顆粒土），比例是泥炭土 1 份，

搭配砂質顆粒土 1 份，這種土和沙 1：1 的配方是栽培食蟲植物最常見的比例。

　　由於市面上所販售的泥炭土通常都是已經混有肥料，想要買到沒有混合肥料的天然純泥炭土其實並不容易，因為這些純天然的泥炭土質地很酸，如果沒有混合石灰或肥料等添加物根本就無法拿來栽培其他像是蔬菜水果及草花等植物，所以一般花市或是園藝材料行根本不會去引進這種無調整酸鹼又天然無肥的泥炭土喔！由於

MEMO

其實在小鴨王長時間的栽培經驗觀察下，不論是使用全水苔栽培，還是使用泥炭土的混合介質也好，這兩種介質都可以將捕蠅草栽培的非常出色與漂亮喔！只不過使用泥炭土的捕蠅草生長速度會比較慢一些，但是夾子的色澤會較飽滿，而使用全水苔栽培的捕蠅草夾子會稍微大一點，生長速度也有比較快一些，但是夾子的色澤會略淺一些。圖中的捕蠅草剛好在冬季時期所拍攝，若是初夏的成長時期，大小和色澤差異會更大些。

用水苔和泥炭土皆可種植捕蠅草

捕蠅草的根系非常地敏感，若使用混有肥料的土壤來栽種它們，很容易就會使其根系受傷進而衰弱死亡。

　　如果無法取得無肥泥炭土又該怎麼辦呢？別擔心，還有一種在花市和各大通路都有販售的介質可以拿來栽培捕蠅草，那就是栽種蘭花經常用到的乾燥水苔。為了方便販售和攜帶，通常園藝業者會將水苔進行殺菌脫水和乾燥處理，市面上看到的

水草都是一塊一塊像豆腐方塊形狀的乾燥水苔，當需要使用時只要將包裝打開接著加水浸泡，很快地水苔就會吸飽水分，恢復成為可以拿來栽培用的介質。這種水苔在市面上經常看到，且不含肥料又屬弱酸性，正好適合拿來栽培捕蠅草，若您手頭上有捕蠅草需要更換盆土，又不知道上哪尋找泥炭土來調配混合介質的話，最佳的選擇就是使用這種乾燥水苔。

乾燥水苔泡水步驟示範

STEP **1** 將乾燥水苔從袋中取出後置入可裝水和浸泡的水盤中。

STEP **2** 將乾淨的水倒入水盤，靜置十分鐘左右讓乾燥水苔完全吸飽水分。

STEP **3** 吸飽水分的水苔會膨脹開來，等水苔顏色全部轉為深色就表示已充滿水分，可供使用了。

STEP **4** 使用前可先將多餘水分擠出，以讓水苔更加蓬鬆便於使用，接下來就可以拿來包裹栽種食蟲植物囉。

Q 我應該用何種方式來給捕蠅草澆水呢？

雖然捕蠅草也可以從植株的頂部直接澆水，不過如果水柱的壓力太強或是水量太大，很容易會觸動捕蠅草的捕蟲夾讓其閉合，為了不打擾和影響小捕植株的美觀與生長，小鴨會建議蝕友們可以在盆底墊上一個水盤，置入1～2公分高度的水量，讓水從盆底的排水孔直接吸收上去，這種給水方法就是園藝栽培中所稱呼的「腰水法」，可以幫助植株的盆土保持長時間且穩定的水源供應喔！

其實捕蠅草的原生地底層下方有一段質地堅硬不透水的岩層，而這一層不透水層就能將雨水和山上融化下來的雪水保存起來，成為穩定豐沛的地下水源，雖然這地下水位會隨著季節變化而有高有低，不過基本上鮮少會有缺水至完全乾燥的情況，蝕友們可以模仿這種自然環境的給水模式，加水完畢之後等到水盤的水完全乾燥後，再倒入同樣高度的水量即可，不需要每天加水讓盆栽一直浸泡在水中，這樣才不會讓盆底的土壤變質腐敗喔！

捕蠅草的水盤栽培

MEMO

想知道自己的給水頻率是否過度頻繁，可以將這些泡水的盆栽拿起來用鼻子靠近盆底聞聞看，假如散發出宛如臭水溝般的味道，那就表示您的給水頻率太高，可以等底盤的水完全乾了之後過幾天再倒水，或是倒入的水量高度往下降低也行喔！

Q 為什麼我們家的捕蠅草夾子都不會閉合呢？

如果您按照之前小鴨所提正確地去碰觸捕蟲夾內側的感應毛後，夾子卻都完全沒有閉合的動作，又或者是捕蟲夾的閉合速度非常緩慢，緩慢到原本在夾子中心的小蟲都已經爬出來了，夾子還沒完全閉合起來，這種情況的原因通常會有兩個。

第一就是您的捕蠅草已經處在一個非常虛弱且不健康的情況下，這時候的捕蠅草已經沒有精力和能量能夠快速地閉合捕捉獵物，很有可能您的捕蠅草長時間處在一個它們不喜歡的環境，讓植株變得非常衰弱沒有朝氣，舉例來說，長時間沒有給予足夠的光照，或是使用錯誤的介質來栽培它們等，這些生長因素都會影響到捕蠅草夾子的反應和閉合速度。

另外一個可能性就是氣候剛好是在冬季，捕蠅草在冬季低溫時期會進入休眠狀態，這時候的捕蠅草會將養分儲存在地下的球莖內，因此地表上的捕蟲夾會縮水，甚至完全沒有捕蟲的功能和反應，在這種情況下去碰觸捕蠅草的夾子也是不會有任何反應，必須等到天氣變暖，捕蠅草長出新的捕蟲夾才會恢復活力喔！

MEMO

野外原生環境下的捕蠅草在冬季低溫時期會進入休眠，這時候的植株不但不會再長出碩大的捕蟲夾，植株和夾子的尺寸也會大幅縮水，老葉枯萎、新陳代謝的速度加快，生長速度明顯減慢許多，以上這些都是正常的反應與現象，這是因為捕蠅草將所有的養分儲存在地下，土中的球莖會開始膨脹變胖，讓捕蠅草能夠渡過酷寒的冬季。由於台灣的氣候有南北差異，捕蠅草要進入休眠期的溫度需要低於 10℃ 以下（原生地大概是 0～5℃ 左右），若是終年高溫的南台灣恐怕難以會有能讓捕蠅草進入休眠的超低溫，因此南部的朋友們栽培捕蠅草一段時間後，就需要透過冷藏的方式來幫助捕蠅草強制休眠，這樣才能延續捕蠅草的生長態勢和延長壽命。

休眠的捕蠅草

Q 我可以天天玩弄捕蠅草的夾子嗎？

如果您有看過 Discover 或是國家地理頻道等大自然題材的影片就會知道，在自然界裡不論是植物還是動物，為了能夠生存下去全都是卯足全力在拚搏，捕蠅草當然也不例外。為了能夠讓它們在貧瘠又惡劣的土地下生存，它們才演化出利用捕蟲夾閉合的方式來獵捕昆蟲取得養分，當然這種特殊的能力也是需要付出代價的，簡單來說，捕蠅草的葉夾每次閉合都要花費大量的能量，假如沒能捕捉到獵物就等於白白浪費力氣。雖然捕蠅草的葉夾會在幾個小時之後慢慢地再度打開，不過若一直不停的逗弄它們的捕蟲夾，很快地就會讓您的捕蠅草精疲力竭，最後開始衰弱甚至死亡喔！為了讓您的捕蠅草能夠活的更長久，小鴨王還是誠心建議各位蝕友們，如果您真的完全忍不住、受不了，實在太想要看捕蠅草的夾子是如何閉合，那麼就把第一次當作最後一次，只要碰觸夾子內側的感應毛來目睹一下捕蠅草閉合的兇猛模樣，就這樣屏氣凝神的看過一次就夠了，千萬不要一而再、再而三的去玩弄騷擾您的捕蠅草喔！

MEMO

捕蠅草可不是含羞草，胡亂玩弄它們的夾子只會無端浪費能量和養分，讓您的捕蠅草更加的衰弱而接近死亡，喜歡它們就是不要去打擾它們，靜靜的等待與觀察就是最好的照顧方式。

不要胡亂玩弄夾子

Q 我們家中的捕蠅草開花了要怎麼辦？

成熟的捕蠅草會在夏初時開始抽出長長的花梗，並且開出純潔白色的小花，雖然可以透過授粉、結種來繁殖捕蠅草，不過從種子開始栽培捕蠅草需要花費非常長的時間才能慢慢長大，此外，讓捕蠅草開花很容易會消耗植株大部分的養分和能量，為了能夠讓植株保存體力減少衰弱的風險，大多數的栽培者都會選擇在花梗剛剛長出來時就將它摘除，這樣才不會讓您的捕蠅草無端浪費過多的養分，也可以讓您的捕蠅草維持健康碩大的捕蟲夾喔！

也許會有不少蝕友們想要嘗試播種來繁殖捕蠅草，不過小鴨不得不提醒大家，捕蠅草的開花結果很容易會讓植株消耗大量的養分，若您的植株並不強壯與健康，那麼勉強開花很有可能會讓您的小捕夭折死亡。再者，不夠健康的捕蠅草所產出的種子也不一定能夠孵育的出來，因此想要讓捕蠅草開花結果可是需要有一定程度的心理準備，這點要請蝕友們審慎評估其中的風險，不要賠了夫人又折兵囉！假如您沒有把握能夠保住小捕的母體，還是準備好銳利乾淨的剪刀將花梗剪掉吧！

MEMO

捕蠅草的小白花非常漂亮，不過等到它們開出花朵往往已經消耗很多養分了，因此建議只要剛長出花梗就可以剪除，不用等到花朵開了才來修剪，那時就慢囉！

捕蠅草小白花

Q 我要把捕蠅草老舊的枯葉修剪掉嗎？

捕蠅草的葉夾會隨著時間慢慢地老化與枯萎，這是一種新陳代謝的正常現象，尤其是有捕捉消化過獵物的捕蟲夾更容易因為消耗較多的能量，而比其他沒有捕捉過蟲子的葉夾提早老化，因此一株捕蠅草往往會有一些黑掉或正在老化枯黃的捕蟲葉存在，許多蝕友們為了維持植株的美觀與乾淨，會想動刀來剪除這些老化一半的捕蟲葉，這時小鴨要特別地提醒您「盡量別這麼作喔！」因為當您下手去剝除或是用剪刀去修剪這些枯萎老化到一半的捕蟲葉時，很容易就會造成植株產生傷口和斷面，一旦傷口過多就會很容易讓您的捕蠅草遭受病菌入侵和感染，因此比較正確的方式就是放任不管，等待這些老葉自然地代謝乾燥，不要因為老葉枯黃不美觀就想要去移除它們，只要植株不會產生傷口，就越能維持捕蠅草的健康與壽命啦！

MEMO

不建議大家動刀去修剪捕蠅草並不表示就完全不用去整理它們喔！假如您還是很在意捕蠅草的美觀，可以選擇使用小型的鉗子來夾取移除這些自然乾枯焦黑的老葉，不過移除老葉的時機必須等到組織已經完全乾燥沒有水分才行，那要如何才能知道移除的時機來臨呢？

其實很簡單，只要用小鉗子夾住這些老葉輕輕地拉拔，如果非常輕鬆就能夠夾起整條老葉的話，那就表示老葉組織已經完全乾燥完畢可以移除，如果無法輕鬆拔起來的話，那就表示這片葉子還未完全代謝乾燥完畢，這時請先等待一段時間之後再去處理它吧！採用這種老葉移除整理法才不會無端製造傷口去傷害到您的捕蠅草喔！

用鉗子小心移除捕蠅草老葉

Q 為什麼花市的捕蠅草都要用透明蓋子蓋起來呢？

當小鴨剛開始在建國花市擺攤推廣食蟲植物時，為了讓每一位來到現場觀賞的來賓都能最直接地欣賞到食蟲植物的美，小鴨的植株都不會有套袋或是加蓋的情況，不過後來才慢慢發現人的好奇心實在太過可怕，不論是大朋友還是小朋友，一看到捕蠅草就會有股衝動想要去碰觸玩弄它們的捕蟲夾，為此小鴨還特別製作了告示牌來請大家高抬貴手，因為假如每位來參觀的花友們都玩弄一下捕蟲夾的話，那

麼現場所有的捕蠅草應該都會被玩到全部閉合起來，這樣不但賣相差，對敏感的捕蠅草來說也很傷元氣，因此才有很多業者和攤商會用塑膠杯蓋或是透明袋子將植株罩起來，除了保持溼度外，也有保護小捕們不會被客人玩弄的原因。

MEMO

小鴨王並不會建議大夥將捕蠅草用蓋子或是杯子蓋起來栽培，這樣的悶植法雖然能夠維持比較穩定的高溼度，但是卻無法讓捕蠅草享受充足的陽光，因為如果在密閉的小空間中接受陽光曝晒，很容易就會因為溫室效應產生高溫，讓您的捕蠅草變成了燙青菜。假如您的捕蠅草需要比較穩定的空氣溼度，可以利用圖中這類有些高度的透明塑膠花套，上頭中空保持通風透氣，只要袋子有一定的高度就能幫助遮蔽側風，增加袋子底部植株的空氣溼度，這樣就能幫助比較敏感幼小還沒有穩定根系的小小捕蠅草喔！當然，等到植株穩定生長渡過危險期之後，就能把袋子移除恢復正常的栽培方式。

捕蠅草加上透明塑膠套袋

Q 我該如何幫捕蠅草施肥或餵食呢？

　　基本上捕蠅草只要擺放在開放的空間內，它們就會自行獵捕食物和昆蟲，因此小鴨王還是建議大家就讓它們自行抓蟲就可以了，因為如果您所餵食的昆蟲體積過大會造成捕蟲葉夾的消化負擔，進而導致葉夾提早老化或是潰瘍受傷，過小的昆蟲則是無法觸動感應毛讓捕蟲葉夾閉合。因此，為了能夠讓捕蠅草確實捕捉並且進行消化作用，餵食捕蠅草的小蟲必須要是活體，這是為了讓小蟲能夠在捕蟲夾內掙扎並持續碰觸感命毛作用，不然很有可能捕蠅草會誤以為只是單純捉到小石，或是被雨水等其他外力刺激，過一段時間之後就自然打開葉夾，完全沒有進行消化吸收，只有白白浪費能量而已。為了避免栽培者費時費力的去找獵物，小鴨王還是奉勸您放棄餵食活體昆蟲，改用其他的方法來代替會比較好。

　　除了活體昆蟲外，小鴨建議蝕友們可以利用稀釋過的水溶性液態肥料來給小捕們補充養分，如果您是將捕蠅草栽培在室內窗邊或是沒有小蟲行經的地方，那麼小鴨王可以教導大家利用棉花棒沾取液態

肥，然後沾滴在捕蟲葉夾內側，同樣也可以透過葉面滲透浸潤的方式讓捕蠅草吸收到一定程度的養分。這種液態施肥法的施做方式簡單又輕鬆，不用煩惱大費周章的四處去捉活蟲來餵食啦！呱哈～

餵錯食物可能會傷害到捕蟲葉

延伸閱讀

小鴨王的部落格有介紹如何選擇食蟲植物的餵食對象。

https://taiwancp.blogspot.com/2017/06/blog-post.html

MEMO

若您不想讓捕蠅草閉合消化體積過大的昆蟲，造成夾子提早老化折損的話，使用稀釋過後的液肥也許是種不錯的選擇，小鴨王會建議大夥使用乾淨的棉花棒沾上調配好的液肥直接滴入到捕蠅草的夾子內側，不用刻意去碰觸感應毛讓夾子閉合，單純就是讓含有肥分的液體浸潤到捕蠅草的葉壁內側即可，雖然有一些蝕友們會直接以噴灑的方式來施作，然而這樣很容易會噴到周遭土表，造成不必要的養分累積，後續可能會導致討厭的雜草或藻類滋生，所以小鴨王才會建議大家用棉花棒來進行準確的「標靶施肥」。至於液肥要選擇什麼廠牌，小鴨就不便多說，基本上只要是觀葉植物使用的即可，濃度上最好也比包裝標示建議的再稀釋清淡一些。用心切記，施肥只是讓您的捕蠅草稍微加分，就算沒有施肥，只要環境控制良好，一樣可以長的很大很優，不要把施肥當作是讓捕蠅草夾子變大的一切。

餵食捕蠅草液肥

Q　捕蠅草需要注意哪些病蟲害呢？

　　雖然捕蠅草是食蟲植物，不過也是會有一些討人厭的害蟲來打擾它們，最常見到的就是葉蟎和蚜蟲，葉蟎即花友們俗稱的「紅蜘蛛」，雖然稱為蜘蛛，但是這種小蟲和會捕食其他昆蟲，吃葷的蜘蛛完全不同（喜歡栽培植物的人都很歡迎吃葷的昆蟲，反而很討厭吃素的昆蟲），它們和蚜蟲一樣也會利用刺吸式的口器去穿刺葉表，吸食葉內組織的汁液，由於蟲體小往往不易被發現，等到您發現情況不對勁時，往往葉蟎已經是爬滿整株植株，除了葉蟎和蚜蟲外，偶爾小鴨也會遇到一些毛蟲、蚱蜢或是蟑螂來啃咬捕蠅草的葉身，不過大概是因為味道不佳，所以往往只有看到幾處咬痕，沒有太大的損傷。

MEMO

如果是栽培在戶外開放的環境下，比較容易會受到像是蚜蟲、毛蟲、紅蜘蛛等這類小害蟲的侵襲，假如您發現嫩葉或是頂芽有出現這些奇怪小蟲的蹤跡時，就要特別留意一下植株的狀況囉

捕蠅草上的蚜蟲

夏季時，捕蠅草最常會被蚜蟲和葉蟎給盯上，如果葉表顏色出現異常，或是有凹凸不平的情況就要留意。此外，有時也會有些小毛蟲來啃咬捕蠅草，當葉身出現缺損時，就要開始在四周找尋蟲子的蹤跡。

延伸閱讀
關於紅蜘蛛的詳細說明小鴨王有撰寫在部落格文章內可以提供給大家參考。
https://taiwancp.blogspot.com/2017/05/blog-post_62.html

至於病害的部分就沒有這麼輕鬆囉！捕蠅草也是很容易罹病，尤其夏季高溫更是細菌和病毒的好發時期，一旦染病很容易就會導致植株整株潰爛，這也是許多蝕友們栽培捕蠅草失敗的主因之一。為了減少被病菌感染的機率，除了維持適當通風、使用乾淨的水源和介質外，也要讓小捕避免被雨水澆淋到，尤其是夏季的強降雨很容易會讓小捕們元氣大傷，此外就是

要避免無端修剪老葉製造傷口，同時也要留意夏季的強光照射，適度的遮蔽減少陽光強度可避免植株熱衰竭，但也不能完全沒有陽光來幫忙殺菌抑病，這些細節都能提升植株體質並減少被病菌感染的風險，如果還有餘力的話也可以適度噴灑一些無毒的抑菌劑來減低病菌的密度與數量，像是木醋液、甲殼素、肉桂精油等之類的天然除菌劑都可以拿來噴灑與嘗試喔！

捕蠅草的病害也不少，像是一般常見到的軟腐病、炭疽病、根腐病它們都有機會罹患，有時給水或是淋雨過多也會產生水傷痕跡。由於捕蠅草比較敏感，只要環境介質不清潔或是有少許傷口，它們都有很高的可能會染病，尤其夏季高溫時期更是好發難防。

MEMO

圖片中的捕蠅草就是被病菌感染在短時間內腐敗死亡，讀者們可以非常清楚的觀察到植株中心的球莖整顆完全不見，只剩下一個小洞在那。那是因為植物組織已經完全腐爛侵蝕掉了，有些朋友甚至會以為植株被小鳥叼走，其實是被不好的病毒和細菌感染所致喔。

受感染夭折的捕蠅草殘骸

延伸閱讀
小鴨王的部落格有介紹捕蠅草的水傷處理過程。
https://taiwancp.blogspot.com/2017/10/blog-post.html

Q 我需要強制讓捕蠅草進入休眠嗎?

捕蠅草在原生環境下的冬天氣溫會低到接近零度,大約就在攝氏5℃左右,這時候的捕蠅草會進入休眠期,捕蟲夾也停止捕食獵物,它們會將所有的養分都集中儲存在地下的球莖內,等待春天的到來。像這樣的低溫就算是在北台灣的寒流來襲時也不一定會達到,因此許多捕蠅草會隨著栽培時間長久之後,慢慢開始出現休眠不足而產生的衰弱現象,最常見的就是植株的尺寸一年比一年還要縮水,這時候就要開始考慮讓小捕們接受強制休眠,也就是將植株從盆土中挖出,清潔沖洗乾淨後包裹乾淨的水苔裝入夾鍊袋中,放入冰箱的冷藏室內一段時間(不是冷凍),利用人工方式來幫助捕蠅草獲得完整休眠。

不過這樣非自然的手法也不是完全沒有缺點,由於冰箱內不可能會有陽光照射,只要植株沒有清洗乾淨,很容易就會導致植株發霉、腐敗或是壞死。因此,如果能夠讓您的捕蠅草在正常環境下自然休眠是最好的,除非必要,不到最後關頭小鴨通常是不會將捕蠅草們冰到冰箱裡,畢竟在冰箱中發霉壞死的風險也不低。

冷藏捕蠅草

延伸閱讀
https://taiwancp.blogspot.com/2017/04/blog-post_38.html
以上網址有講解介紹到如何幫助捕蠅草人工休眠的過程與細節

Q 全世界究竟有多少種的捕蠅草呢？

說來您可能不會相信，全世界的捕蠅草就只有一種，它的名稱就是 *Dionaea muscipula*，那麼為何市面上會有綠色、紅色和各式各樣不同造型的夾子呢？其實這些都是「個體」不同的差異，以品種來說它們都是同一個叫做捕蠅草的品種，至於為何會有紅龍、十字牙、鯊魚齒、B52 等這些名稱則是來自於園藝名稱，主要是園藝商在販售時候方便區別與稱呼而命名的，不論它們擁有多少不同的園藝名稱，也不論它們之間的長相有多大差別，全世界的捕蠅草就是唯一這麼一個品種，那些奇奇怪怪、各式各樣的名稱，只是個體名稱的不同而已。

MEMO

捕蠅草的個體差異千變萬化，每年都有新的個體表現被發表與展出，這是因為這些形形色色的捕蠅草，都是園藝業者透過激素去刺激產生變異後，利用人為的方式選拔製造出來的。想要將其全數收藏起來幾乎是不可能的任務，小鴨王也曾經嘗試四處收藏這些奇奇怪怪的捕蟲夾，但收集到最後會覺得依舊是那個最典型、最傳統的捕蠅草最美，除了造型經典永不退流行外，小鴨也發現那些夾子長相越是奇怪的小捕，比起一般個體的小捕栽培起來更是困難，這或許也是因為激素刺激過頭導致變異過大，最後就連體質也變得敏感和脆弱了吧！

各種個體的捕蠅草

Q 為什麼我的捕蠅草夾子 完全都不紅呢？

常常在花市會被客人問到這個問題，為何捕蠅草的夾子沒辦法變得鮮紅有許多原因，小鴨大概整理出四個重點因素，分別詳述如下給蝕友們參考。

光照　這是大多數朋友最常碰到的，很多人以為捕蠅草都是生長在弱光陰暗處，如果將捕蠅草栽培在陽光較弱的地方，雖然植株勉強可以長出夾子來，但是因為缺乏足夠的陽光讓捕蠅草進行光合作用轉化能量，自然捕蟲夾也就不會鮮紅美麗，捕蟲葉也會徒長，夾子的閉合反應速度也就變差喔！

溫差　除了陽光之外，再來就是日夜溫差也會影響到捕蠅草夾內的色澤。日夜溫差較大的季節會讓捕蠅草的色澤更加鮮豔飽滿，因此雖然夏季的陽光比較充足，但是如果和春季或秋季這種日夜溫差較大的季節相比，鮮豔的程度也是會有明顯的差異性。

個體

誠如之前所述，捕蠅草擁有很多種不同型態的個體存在，有些捕蠅草的夾子就是屬於比較偏綠不太會轉為鮮紅的個體，就算陽光充足、日夜溫差大，依舊還是保持黃綠色的內夾，這也是正常的情況。

酸度

基本上您只要考慮前三個因素就已經能讓您的捕蠅草非常鮮豔囉！不過如果您想要讓捕蠅草能夠紅上加紅豔上增豔的話，還有一個方式就是使用酸度比較高的介質土壤，依據小鴨王的栽培經驗，使用較酸的介質也能幫助您的捕蠅草變得更加鮮紅，但是要留意如果酸度過高，夾子的尺寸可是會縮水的，小鴨建議酸鹼值大約控制在 ph4 ～ 5 之間，顏色表現就會很不錯囉！

MEMO

想要讓捕蠅草紅到發紫可以說是需要天時地利人和，一年之中最容易達成的就是 4 ～ 6 月春末到初夏這段時間。這時候的日夜溫差大，氣溫不會太冷也不會太熱，捕蠅草的生長速度快，空氣溼度普遍偏高，只要光照的時數夠長夠強，就能看到這美到發紫的捕蠅草囉！

紅到發紫的捕蠅草

Q 捕蠅草的夾子最大能夠長到多大呢？

網路上有不少朋友們會爲了追求最大的捕蟲夾而選擇購入價格較高的特殊個體，不過小鴨反而喜歡鼓勵蝕友們將一般花市最常見的捕蠅草拿來當作挑戰對象，因爲就算是一般個體的捕蠅草只要栽培環境合適、時間夠久的話，一樣也是能夠種出非常驚人尺寸的捕蟲夾喔！因此，與其不停地去追求採購各式各樣特殊的個體，不如把栽培技術和知識提升，將平凡的小捕種出不平凡的尺寸，那才是更有滿滿的成就感。

3 公分葉夾的捕蠅草

MEMO

想要把捕蠅草的夾子種得又大又猛，關鍵點不是在於餵食多少養分，而是要讓您的捕蠅草年紀夠大、根系夠穩，早一開始小鴨王不停地嘗試更換過各種肥料和介質，後來才發現越是頻繁移植、打擾它們，植物也就越容易受傷、得病和縮水。因此，如果您一天到晚都在想要餵捕蠅草吃什麼？要把它們移動到哪裡去？要幫它們換什麼樣的土壤？小鴨奉勸您先放下成見，它們需要的就是一個穩定且不受干擾的環境，只要您能夠把同一株捕蠅草栽培超過五年以上，那麼它們的根系既穩定又強壯，自然而然就能夠長出超大的捕蟲夾來，就像圖中的夾子已經接近 5 公分的尺寸囉！

種久了就會很大

捕蠅草從種子開始栽培到成熟需要多久的時間呢？

　　捕蠅草從播種下去到開始萌芽其實很快，新鮮的種子只要播種下去大概一個月內都會發芽，不過從小小的幼苗開始栽培一直到植株成熟，會需要大約五年左右的時間，也正因爲播種是如此耗時費力，市場上所流通的捕蠅草才會大多採用組織栽培的無性繁殖方式。小鴨王也有實際嘗試從種子開始種起，那可眞的是一條漫長又充滿挫折的道路啊！

經過一年左右的時間，捕蠅草的植株型態就已經和成熟植株差不多一樣了，只是整體展葉的直徑尺寸比較小，就像是縮小版的捕蠅草。

從種子開始栽種捕蠅草是一條漫長困難的道路，圖中是剛孵育出來幾週的捕蠅草小苗，可以觀察出剛萌芽的捕蠅草會先長出兩片沒有捕蟲夾的幼葉，等到第三片葉子長出時，就會有超級迷你的小捕夾喔！

一般約需要接近五年左右的時間才能讓捕蠅草眞正長大成熟，並開始抽出花梗來開花，不過擁有技巧高超的園藝業者們可透過專業知識和環境將流程縮短到一、兩年，但對於商業效率和成本來說還是太過冗長與緩慢，這也是爲何市面上所販售的捕蠅草皆不是從種子孵育出來的實生苗，而是透過無性繁殖的組織栽培法來快速大量生產。

Q 我要如何繁殖捕蠅草呢？

誠如之前與大家提到的，如果想要讓您家中的捕蠅草開花結種的話，不但可能會有很高的風險讓母株養分耗盡而夭折外，就算真的順利授粉成功結果，從種子開始栽培也要花費相當漫長的時間，再加上幼苗脆弱容易夭折等多重風險，評估後小鴨認為改採無性方式來繁殖您的小捕才是最有效率且安全的作法。

不過您一定會充滿疑問，一般民眾既沒有組織栽培這類的知識，也沒有能夠使用的專業設備和實驗室，那麼到底要如何透過無性方式來繁殖捕蠅草呢？答案就是在「葉插」和「分株」，不過比起狠心把整株捕蠅草支解後，將葉子一片一片拿去葉孵外，小鴨反而會建議大家可以把重心放在「分株」上喔！

簡單來說就是盡量不要大肆破壞捕蠅草的球莖，製造太多的傷口會導致植株被病菌感染，我們只要盡心把捕蠅草順利栽培長大，等到植株栽培久了自然就會開始產生許多側芽，等到春天來臨，我們要幫捕蠅草更換新的盆土和整理老葉時，再將這些小側芽分解開來即可，這些分株出來的小小捕蠅草本身就有獨立的根系，拆解下來的傷口也小，能夠生存長大的機率也就更高囉！

MEMO

小鴨王一年會挑選一天來幫捕蠅草做一個大整理，這時候會把捕蠅草從盆土中挖出來，除了去除老舊的葉子、添加混合新的介質、檢查根部是否有害蟲外，最重要的就是幫捕蠅草進行分株。成熟的捕蠅草每年都會增長出一些不定的側芽，像是圖中的捕蠅草很明顯就可以觀察出，靠近上面有長出比較大夾的是主芽，而下面有一區的夾子比較小，那個就是它延伸拓展出來的側芽。由於側芽已經非常成熟，所以也會擁有獨立的根系，我們只需要將它挖出來輕輕剝開，就能輕鬆又簡單的完成分株和繁殖的任務囉！至於分株的時間小鴨都會選擇在入春 3～4 月時來作業，此時氣候比較舒適，成功機率也比較高。

可以分株的捕蠅草

Q 可以將捕蠅草栽培在造景缸內嗎？

當然可以囉！不論是國內還是國外都有不少蝕友們將捕蠅草栽培在各式各樣的造景缸內，小鴨王也經常將捕蠅草栽培在沒有排水孔的玻璃球缸中，只要掌握好給水的時間和光照的提供，其實捕蠅草的植株體積不大，可說是非常適合用來當作造景缸中的主角喔！

除了本書所寫的內容外，小鴨王也有整理不少關於捕蠅草的資料與經驗，並且撰寫在小鴨王的部落格上，歡迎有興趣的讀者們能夠利用電腦或手機上網延伸閱讀小鴨王部落格上捕蠅草的報告書文章喔！

延伸閱讀
https://taiwancp.blogspot.com/2011/01/dionaea-muscipula.html

MEMO

栽培在玻璃球缸內的捕蠅草其實有幾項優點，首先是透明玻璃可以保持陽光的穿透力，但是又能避免捕蠅草被雨水澆淋到，這樣在戶外栽培就不用煩惱還要找有屋簷的地方來放。另外，球缸也能幫忙穩定空氣溼度，為了要減少給水的頻率和維護介質乾淨，小鴨會選擇使用全水苔栽培外，表土還會覆蓋上一層鮮活水苔來增加美感，您看看這樣是不是很漂亮又精緻呢？

捕蠅草的造景球缸

CHAPTER 3

豬籠草篇

Q　豬籠草的基礎知識介紹 —— 原生環境

　　豬籠草應該是能見度最高，也是最常出現在市場上的食蟲植物。它們的原生地非常廣泛，從高山到平地都有它們的蹤跡，最北端可以在印度找到它們，最南則是到馬達加斯加也有族群，不過分布密度最高也是品種最多的地區則是在東南亞，尤其是婆羅洲、蘇門答臘、馬來半島和菲律賓群島這四個地區就囊括了豬籠草品種之中的八成，目前已經確認的品種接近一百七十多種，近年來還有許多新的品種陸續被發現，如果再加上天然的混血種和人為配種的園藝種，那千奇百怪各式造型的瓶身可說是數也數不清，想要全部收集齊全幾乎是不可能的任務，也因此在眾多種類的食蟲植物中，要說最具高度園藝價值和發展潛力的，小鴨王認為肯定就是豬籠草囉！

在野外原生地的蘋果豬籠草，非常感謝蝕友李文峰先生的熱情提供，讓我們可以看到豬籠草在野外努力生存的美姿。

Q 豬籠草是如何捕食昆蟲獵物呢？

豬籠草的捕蟲模式是屬於陷落派，它們的捕蟲瓶蓋有著無數的腺體能夠分泌出蜜汁來吸引獵物上門，當這些小蟲攀爬在豬籠草瓶蓋口附近享受美味的蜜汁時，很容易會受到外在的陣風還有光滑的瓶唇影響，一不小心就會跌落到捕蟲瓶袋中，由於捕蟲瓶身狹窄又充滿消化液，內側瓶壁也非常光滑難以攀附爬出，被捕捉到的小蟲就只能在捕蟲瓶中耗盡力氣，最後被消化液給淹沒，並且消化分解吸收掉囉！至

於最常光顧豬籠草的獵物有哪些呢？其實在小鴨長時間的栽培經驗下，幾乎什麼玩意都有看過，像是螞蟻、蒼蠅、蜜蜂、蟑螂、飛蛾等都有，甚至有時還會有為了追捕獵物不小心掉入瓶中的壁虎、螳螂和蜘蛛呢！總之，豬籠草就像是一款無差別的捕蟲器，只要會被它們的蜜汁給吸引過來，捕蟲瓶又能夠裝得下獵物，幾乎全數都能捕捉到喔！

豬籠草的捕蟲瓶

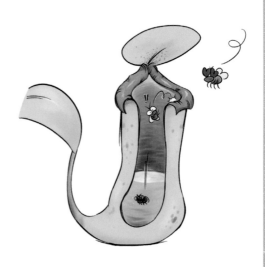

豬籠草的捕蟲機制

MEMO

瓶蓋分泌蜜汁吸引獵物

豬籠草的瓶蓋下會分泌出蜜汁來，這種香甜的蜜水會把許多小蟲給吸引過來，像是蝴蝶、蒼蠅、蜜蜂、螞蟻、蟑螂等，各種只要對於蜜汁有興趣的昆蟲都是豬籠草的常客。

光滑無比的瓶唇

豬籠草的瓶唇仔細看起來就像是一片片的刀片般，不但非常堅硬也很光滑，而這像是刀山一樣的瓶唇就是要讓小蟲的鉤爪難以攀附，當小蟲舔食蜜汁吃得很開心時，很容易就會忘我而處在一個危險不穩定的姿態，只要有任何風吹草動一沒留神，就有很高的機率會跌落到捕蟲瓶中。

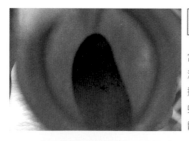

瓶底被捕捉到的小蟲

當小蟲跌入瓶中就會被浸泡在黏糊糊的消化液中，不論如何掙扎都難以從光滑又堅硬的瓶壁中攀爬出來，最後就如同圖中這些草蚊、果蠅的下場，沉入瓶底靜靜地等候被豬籠草的消化液給分解吸收掉。

Q 豬籠草需要多少時間的光照呢？

在花市推廣食蟲植物時，小鴨常常會發現一般民眾對於捕蠅草和豬籠草等這類常見的食蟲植物有著一種奇怪的迷思與誤解，那就是一直認為它們是屬於不能晒太陽的室內植物，這樣的想法其實對於食蟲植物來說傷害很大，尤其是像豬籠草這類光照需求頗高的植物，大多數的豬籠草都是生長在陽光充足的地方，有些豬籠草甚至會攀附在其他的灌木身上，一路爬到高處去吸收更直接的陽光，如果沒有讓它們接受充分的光照，輕者會出現生長緩慢、停止結瓶、葉形徒長等情況，嚴重一些甚至有可能會讓您的豬籠草衰弱夭折。

雖然確實有一些品種的豬籠草是生長在比較底層陽光不會太強的地方，但是絕大多數的豬籠草都是陽光直射需求較高的。假如您不清楚自家的豬籠草到底需要給予多少光照的話，小鴨王會建議大夥先從每天接受四小時光照開始吧！假如植株沒有出現什麼異狀，那就慢慢地加強光照保持在每天能夠晒四～六小時的陽光，最佳的日照時段就是在中午十一點以前的陽光，這段時間的陽光品質最好，如果是夏季時期中午和下午的陽光通常會太過強烈，不過只要使用簡單的遮光黑網也就能夠降低強度，解決光照過強的問題。

延伸閱讀

小鴨王的部落格有更進一步介紹豬籠草光照強弱的葉面變化。
https://taiwancp.blogspot.com/2017/05/blog-post_22.html

Chapter3　豬籠草篇

MEMO

陽光對於豬籠草來說是非常重要的資源，想要讓您的豬兒瓶子一個跟著一個結的話，就需要充足且穩定的光照。陽光充足能夠讓您的豬籠草瓶身色澤更加飽滿，紋路更加鮮豔，也可以幫助您的瓶壁更加厚實。相反地，若您的豬籠草接受到的陽光太弱也不足，那麼瓶身的色澤就不會鮮豔、瓶壁也會變薄，甚至有可能完全結不出任何一個瓶子來喔！

光照對豬籠草很重要

Q 我應該用什麼樣的介質來栽培豬籠草呢？

　　考量到豬籠草的品種繁多，還有各式各樣不同類型的棲息環境，小鴨王絕對不會輕率地認為可以用同一種土壤的配方來栽培全世界所有的豬籠草，因為它們有些生長在石灰岩地，有些生長在泥炭沼澤區，也有著生在其他灌木身上，或是地生在向陽丘陵土坡地上頭。總之，不同品種的豬籠草都有它們自己獨特的生長介質，想要詳細討論的話可能永遠都沒有一個絕對的正確答案。然而，小鴨王認為只要掌握兩個大方向就能夠提供它們基本的生長條件，其實這兩點也和之前介紹過的捕蠅草一樣，那就是「無肥」、「酸性」這兩個主軸。無肥當然就是要盡量避開使用混合有肥料成分的泥炭土，同時為了能夠讓豬籠草的根系擁有更多透氣排水的性能，小鴨也會建議搭配使用比較粗的顆粒石，像是赤玉土、蘭石、樹皮、椰纖等，這些同樣也是無肥偏酸的顆粒介質，至於比例也是泥炭土：顆粒土＝ 1：1。

　　不過豬籠草的土壤酸度基本上只要ph6 ～ 5 之間的弱酸就行了。只要掌握這個準則和要領，幾乎市面上所販售的豬籠草都可以使用這樣的配方來栽種。當然，如果您實在不想要花費心思去調配混合介質的話，使用栽培蘭花的水苔來栽種它們也是沒問題的喔！

不同的介質有不同性質和功能，只要掌握好無肥、酸性等基本條件，就可以混合在一起增加植株生長時所需要的條件與環境，小鴨王最喜歡不斷嘗試新的介質，看看它們對於豬籠草會有什麼樣的加成效果。

延伸閱讀
小鴨王的部落格有更進一步介紹食蟲植物用混合介質的討論。
https://taiwancp.blogspot.com/2017/05/blog-post_78.html

Q 我應該要將豬籠草栽培在哪些地方呢？

當我們在選擇何處適合栽培植物時，一定都會優先從植物需要的光照量來考慮，雖然豬籠草的品種繁多，不過市面上所流通的豬籠草大多都還是喜愛陽光照射的品系，因此小鴨王會推薦蝕友們可以將豬籠草安排在露天或是頂樓的陽台，就算會淋到雨水也不用擔心，因為豬籠草的原生地本來就有非常高的頻率遇到大雨灌淋，它們的葉身型態和捕蟲瓶都有一套優異的排水設計，只要選用透氣排水良好的介質，是不用擔心您的豬兒淋雨會怎麼樣，但如果是比較高樓層的陽台或是頂樓，那麼就要考量一下，吹個不停的強風可能會讓空氣溼度偏低，這樣豬籠草結瓶尺寸就有變小的問題，然而這些問題都可以透過一些擋風設備和擺設技巧來改善，建議蝕友們還是優先以陽光為主，思考應該將豬籠草栽培在何處。

延伸閱讀

小鴨王部落格有介紹各種適合拿來栽培食蟲植物的地點，在此提供給讀者們參考看看囉！

https://taiwancp.blogspot.com/2017/04/blog-post.html

MEMO

小鴨王所選擇的栽培場所，一定都是陽光能夠直接照射到豬籠草植株全身，光線非常充沛的地方，除非是生長在雨林底層比較耐陰的特殊品種，不然絕大多數超過八成以上的豬籠草都是喜歡陽光普照，如果您發現家中的豬籠草已經栽培了很長一段時間，但卻一直都不太結瓶的話，那就很有可能是它們缺少光照的一個警訊喔！

露天陽台栽培豬籠草

Q 我應該要用什麼樣的方式
來給豬籠草澆水呢？

　　生長在熱帶雨林地區的豬籠草大多都有穩定且乾淨的水源，像是定期的午後雷陣雨，還是終年不乾枯的地下水源，也有可能就生長在河岸或是湖泊周遭，總之，栽培者要掌握的重點就是不要讓您的土壤介質完全乾燥，雖然有些蝕友們喜歡使用所謂的「腰水」方式來栽培它們，也就是將植株整盆擺放在裝有一定高度的水盤中，讓植株透過底部的孔隙把水盤中的水吸收上去，不過小鴨王會建議大夥將這個給水方式留在您要出遠門或是無法天天澆水的情況下吧！

　　可以的話，還是勤勞一點，在固定時間給豬籠草們澆灌給水，這樣新鮮的水和空氣可以保持土壤的狀態穩定，比較不會因為長時間的腰水讓盆子底部土壤缺氧而發臭變質，甚至滋生不好的病菌。建議每天看看您的豬籠草，用手摸摸土壤表面是否保持溼潤，如果土表開始變乾，那麼就表示給水時間到囉！

　　另外，給水的主要目標就是要把盆土澆溼澆透，不必擔心豬籠草的捕蟲瓶會進水，就用蓮蓬頭式的水量來灌澆土壤，一直澆到多餘的水從盆底流出來才算是徹底足夠，切勿只是噴灑植株葉面，這樣土壤

很快就會被豬籠草給完全吸乾，頂芽和植株馬上就會出現發軟脫水情況，尤其是夏季強光時期，給水更是不能偷懶。

土表乾了就要徹底澆透保持土壤潮溼

MEMO

有許多朋友會認為要如同圖片一樣，將豬籠草整個噴的溼溼的才好，其實並無這個必要喔！雖然提高溼度確實可以增加結瓶率沒錯，但溼度是指空氣中所含的水氣，雨林植物因為每天都要面對大雨，所以它們自身都有一套快速排水的設計，豬籠草也是一樣，就算費時費力把它們整個噴溼，不用多久，植株的葉面就會立即排水恢復如初，與其這樣不如利用澆水的時候順道將周圍的地板與牆壁一塊灑水弄溼，讓這些地面與牆上的積水慢慢地蒸散，提高周圍空氣中的溼度，才比較有實質效果喔！

葉面瓶身噴水

MEMO

如果您沒有時間天天澆水，或者不想要一盆一盆處理的話，建議可選用一個大一點的淺水盤，將所有的豬籠草擺放其中，倒入 1 公分左右高度的水量，就可以讓水從盆底被吸收，這種方法能維持比較長的時間不用一直澆水，等到水盤中的水完全乾透後，再倒入同樣高度的水量即可，切勿讓您的盆土一直長時間浸泡在水中，這樣很容易讓底部土壤變質與發臭喔！

豬籠草水盤給水法

Q 為什麼我們家的豬籠草袋子都會枯掉？需要修剪嗎？

　　豬籠草的捕蟲瓶其實就是它們的葉子，而植物的葉子本身就會有一定的壽命和使用期限，當葉子的使用期限過了自然就會開始老化乾枯與淘汰，這樣的新陳代謝本來就是很正常的情況，因此蝕友們不需要因為看到豬籠草的捕蟲瓶枯萎就開始憂心忡忡的想要調整栽培方式和修剪，基本上只要植株持續有在生長和結出新的捕蟲瓶來，那就不用過度擔心和憂慮啦！

　　至於豬籠草的捕蟲瓶為何會枯萎？除了自然的新陳代謝外，也有幾個常見原因，其中最多的情況就是「栽培環境的變化」。舉例來說，就像是剛從花市買回來的豬籠草，原本看起來結瓶纍纍的非常漂亮，可是回到家裡經過一、兩週的時間後，幾乎所有的瓶子都開始枯萎，這就是您目前所提供給豬籠草的生長環境，和前一位栽培者所提供的環境有所差異，當豬籠草遇到生長環境產生變化時會開始加速新陳代謝，造成原本的捕蟲瓶快速枯萎，要經過一到三個月左右的時間，等到植株適應新環境後，所結出的新瓶子才會恢復正常與持久。同樣道理，如果遇到季節轉變的時候，豬籠草的捕蟲瓶也會很容易枯萎，像是原本生長很快樂的夏季，在進入秋季之後氣候開始變冷，吹起大風，這樣劇烈的氣候變化也很容易讓豬籠草的捕蟲瓶開始快速乾枯老化喔！

　　那麼這些乾燥的老瓶子到底要不要修剪呢？小鴨遇過不少客人覺得那些瓶子枯黃一半不太美觀，想說就這樣一刀除去可以眼不見為淨，但是這個舉動可能讓您的植株產生一些不必要的傷口，同時也讓尚具有消化功能的捕蟲瓶下半部養分流失，所以小鴨還是誠心建議大家不要太過著急，大自然本來就會有一套自然的流程，可以等到捕蟲瓶從頭到尾完全乾燥、枯萎沒有水分之後再來剪除即可，這樣乾燥的組織就算剪除也不會製造出任何傷口，還能減少被病菌感染的機會。

延伸閱讀
小鴨王的部落格有更進一步介紹豬籠草捕蟲瓶枯萎等各種狀況。
https://taiwancp.blogspot.com/2017/04/blog-post_26.html

MEMO

依據不同品種和季節上的差異，每一種豬籠草的捕蟲瓶
能夠維持新鮮賞玩的時間也不太一樣，基本上，一般的
豬籠草會需要二到三週的時間來長出一個完整的瓶子，有
些品種結瓶速度特別慢，可能會花上一到兩個月才會結
出一個瓶子，不過通常這種瓶子的瓶壁也比較厚實，保鮮
期會比一般來的長久，想要維持捕蟲瓶持久不凋謝有不少
條件需要滿足，像是穩定的空氣溼度，健康的植株根系，
合適的陽光需求等。相反地，如果氣候、溫度、溼度上下
震盪，像是連續一週的陰雨後突然來個超大太陽，換盆換
土之後不小心干擾到根系的生長，捕捉到超過捕蟲瓶所能
負荷消化的獵物等，這些都會影響到捕蟲瓶的新陳代謝，
進而讓原本健康漂亮的捕蟲瓶加速老化枯萎。

新鮮的捕蟲瓶

半枯的捕蟲瓶

一般民眾只要看到這種乾枯一半的捕蟲瓶就會手癢，想
要拿起剪刀把瓶子剪除眼不見為淨，但是這樣往往會造
成一個不必要的傷口，如果刀具沒有消毒或是植株剛好
比較虛弱，往往很容易就會被一些病菌感染，讓植株走
向虛弱的趨勢。因此，小鴨王並不建議在這種半枯的時
候來修剪瓶子。

全枯的捕蟲瓶

最理想的修剪時機就是等到捕蟲瓶完全枯萎乾燥完畢，
就像圖中的捕蟲瓶一樣，連同連接葉身那條細長的龍蔓
也完全乾枯之後再來拿剪刀修剪，這才是最安全也最完
美的時機。如果您還不習慣從外觀來分辨是否完全新陳
代謝的話，可以用手捏捏看這些捕蟲瓶，如果捏起來脆
脆的沒有任何水分存在，那麼就表示組織已經完全乾燥
脫水，就算剪下去也不會製造出任何傷口囉！

Q　我應該要餵食豬籠草什麼樣的食物呢？

　　豬籠草的食物來源種類非常多，和敏感又挑嘴的捕蠅草不同。能夠被豬籠草所捕食到的獵物實在太多啦！像是螞蟻、蒼蠅、蜜蜂、甲蟲、蟑螂、飛蛾等，基本上只要對豬籠草所分泌出來的蜜汁有興趣，且會被吸引過來的蟲蟲們，都有可能會成為豬籠草的食材。不過現實生活中，大多數的蝕友們都非常忙碌，哪有什麼美國時間可以親自去四處捕捉，那麼這時候就可以透過一些簡單的方法來幫助您的豬籠草進食。蝕友們可以去購買一些緩效性的顆粒肥料，將這種顆粒肥料直接丟入到豬籠草的捕蟲瓶中，它們自然而然的就會慢慢地釋放出肥分給豬籠草吸收，不過切記，一個捕蟲袋只需投入一顆緩效肥就夠了，不要太過貪心投入過多的肥料，這樣很有可能會讓捕蟲瓶消化不良，造成瓶身提早老化枯萎喔！其實只要將豬籠草栽培在開放的空間，它們很自然的就會去捕捉小蟲來取食，就算沒有餵食一樣也能生長的非常良好。

MEMO

　　豬籠草在戶外真的超會捉蟲的，小鴨王向來只有煩惱蟲子抓太多，會導致捕蟲瓶分泌消化液過頭而提早老化，從來都沒有煩惱過它們會捉不到蟲子肚子餓什麼的，就算是栽培在密閉的網室還是室內窗邊，它們都有辦法去捕捉到一些我們不會留意到的小螞蟻或是其他小蟲，所以蝕友們真的不用擔心煩惱要餵豬籠草吃什麼？只要把心思擺放在如何幫豬籠草找尋到一個光照充足的陽台或場所就好啦！

超會捉蟲的豬籠草

Q 豬籠草的品種有哪些呢？

　　豬籠草的品種非常多！它們分布在世界各地，目前登記公認的品種就有一百七十多種。小鴨王在此列出一些比較常見的豬籠草學名和它們所分布地點以及生長海拔供各位參考。由於它們並沒有一個標準的中文名稱，在此提供的是一般本地蝕友們所使用的中文名稱，如果讀者您真的想要和世界各國蝕友們交流的話，建議大家還是以拉丁學名來稱呼，這樣會比較準確和容易溝通。

中文名稱	學名	分布地區	海拔高度
擬翼狀豬籠草	*Nepenthes abalata*	菲律賓	0～20 公尺
寬葉豬籠草	*Nepenthes adnata*	蘇門答臘	600～1200 公尺
翼狀豬籠草	*Nepenthes alata*	菲律賓	0～1900 公尺
白豬籠草	*Nepenthes alba*	馬來西亞半島	1600～2187 公尺
白環豬籠草	*Nepenthes albomarginata*	婆羅洲、馬來西亞半島、蘇門答臘	0～1100 公尺
蘋果豬籠草	*Nepenthes ampullaria*	婆羅洲、新幾內亞、馬來西亞半島、新加坡、蘇門答臘、泰國	0～2100 公尺
安達曼豬籠草	*Nepenthes andamana*	泰國	0～50 公尺
阿金特豬籠草	*Nepenthes argentii*	菲律賓	1400～1900 公尺
馬兜鈴豬籠草	*Nepenthes aristolochioides*	蘇門答臘	1800～2500 公尺
阿藤伯勒豬籠草	*Nepenthes attenboroughii*	菲律賓	1600～1726 公尺
貝里豬籠草	*Nepenthes bellii*	菲律賓	0～800 公尺
斑史東豬籠草	*Nepenthes benstonei*	馬來西亞半島	450～600 公尺
二齒豬籠草	*Nepenthes bicalcarata*	婆羅洲	0～950 公尺
波哥豬籠草	*Nepenthes bokorensis*	柬埔寨	800～1080 公尺
邦蘇豬籠草	*Nepenthes bongso*	蘇門答臘	1000～2700 公尺
包希豬籠草	*Nepenthes boschiana*	婆羅洲	1200～1800 公尺
豹斑豬籠草	*Nepenthes brubidgeae*	婆羅洲	1200～1800 公尺

布凱豬籠草	*Nepenthes burkei*	菲律賓	1100～2000 公尺
風鈴豬籠草	*Nepenthes campanulata*	婆羅洲	300～500 公尺
象島豬籠草	*Npenthes chang*	泰國	300～600 公尺
陳氏豬籠草	*Nepenthes chaniana*	婆羅洲	1100～1800 公尺
盾葉豬籠草	*Nepenthes clipeata*	婆羅洲	600～800 公尺
科普蘭豬籠草	*Nepenthes copeiandii*	菲律賓	1400～1600 公尺
丹瑟豬籠草	*Nepenthes danseri*	印度尼西亞	0～320 公尺
狄恩豬籠草	*Nepenthes deaniana*	菲律賓	1180～1296 公尺
密花豬籠草	*Nepenthes densiflora*	蘇門答臘	1700～3200 公尺
上位豬籠草	*Nepenthes diatas*	蘇門答臘	2400～2900 公尺
滴液豬籠草	*Nepenthes distillatoria*	斯里蘭卡	0～700 公尺
疑惑豬籠草	*Nepenthes dubia*	蘇門答臘	1600～2700 公尺
愛德華豬籠草	*Nepenthes edwardsiana*	婆羅洲	1600～2700 公尺
鞍型豬籠草	*Nepenthes ephippiata*	婆羅洲	1300～2000 公尺
真穗豬籠草	*Nepenthes eustachya*	蘇門答臘	0～1600 公尺
艾瑪豬籠草	*Nepenthes eymae*	蘇拉威西	1000～2000 公尺
法薩豬籠草	*Nepenthes faizaliana*	婆羅洲	400～1600 公尺
杏黃豬籠草	*Nepenthes flava*	蘇門答臘	1800～2200 公尺

萊佛士豬籠草

蘋果豬籠草

暗色豬籠草	*Nepenthes fusca*	婆羅洲	600～2500 公尺
甘通山豬籠草	*Nepenthes gantungensis*	菲律賓	1600～1784 公尺
無毛豬籠草	*Nepenthes glabrata*	蘇拉威西	1600～2100 公尺
腺毛豬籠草	*Nepenthes glandulifera*	婆羅洲	1100～1700 公尺
小豬籠草	*Nepenthes gracilis*	婆羅洲、馬來西亞半島、新加坡、蘇拉威西、蘇門答臘、泰國	0～1100 公尺
瘦小豬籠草	*Nepenthes gracillima*	馬來西亞半島	1400～2000 公尺
裸瓶豬籠草	*Nepenthes gymnamphora*	爪哇、蘇門答臘	600～2800 公尺
鉤唇豬籠草	*Nepenthes hamata*	蘇拉威西	1400～2500 公尺
漢密吉伊坦山豬籠草	*Nepenthes hamiguitanensis*	菲律賓	1200～1600 公尺
赫姆斯利豬籠草	*Nepenthes hemsleyana*	婆羅洲	0～200 公尺
剛毛豬籠草	*Nepenthes hirsute*	婆羅洲	200～1100 公尺
粗毛豬籠草	*Nepenthes hispida*	婆羅洲	100～800 公尺
霍爾登豬籠草	*Nepenthes holdenii*	柬埔寨	600～800 公尺
胡瑞爾豬籠草	*Nepenthes hurrelliana*	婆羅洲	1300～2400 公尺
無刺豬籠草	*Nepenthes inermis*	蘇門答臘	1500～2600 公尺
泉氏豬籠草	*Nepenthes izumiae*	蘇門答臘	1700～1900 公尺
賈桂琳豬籠草	*Nepenthes jacquelineae*	蘇門答臘	1700～2200 公尺

風鈴豬籠草

馬桶豬籠草	*Nepenthes jamban*	蘇門答臘	1800～2100 公尺
賈布豬籠草	*Nepenthes kampotiana*	柬埔寨、泰國、越南	0～600 公尺
印度豬籠草	*Nepenthes khasiana*	印度	500～1500 公尺
克羅斯豬籠草	*Nepenthes klossii*	新幾內亞	1000～2000 公尺
萊昂納多豬籠草	*Nepenthes leonardoi*	菲律賓	1300～1490 公尺
小舌豬籠草	*Nepenthes lingulata*	蘇門答臘	1700～2100 公尺
長葉豬籠草	*Nepenthes longifolia*	蘇門答臘	300～1100 公尺
勞氏豬籠草	*Nepenthes lowii*	婆羅洲	1650～2600 公尺
麥克法蘭豬籠草	*Nepenthes macfarlanei*	馬來西亞半島	900～2150 公尺
平庸豬籠草	*Nepenthes macrovulgaris*	婆羅洲	300～1200 公尺
馬達加斯加豬籠草	*Nepenthes madagascariensis*	馬達加斯加	0～500 公尺
大豬籠草	*Nepenthes maxima*	蘇拉威西、新幾內亞、摩鹿加群島	600～2600 公尺
美林豬籠草	*Nepenthes merrilliana*	菲律賓	0～900 公尺
麥克豬籠草	*Nepenthes mikei*	蘇門答臘	1100～2800 公尺
民答那峨豬籠草	*Nepenthes mindanaoensis*	菲律賓	0～1400 公尺
驚奇豬籠草	*Nepenthes mira*	菲律賓	1550～1605 公尺
奇異豬籠草	*Nepenthes mirabilis*	澳洲、中國、爪哇、馬來西亞、菲律賓、蘇拉威西、蘇門答臘、泰國、越南等眾多亞洲島嶼	0～1500 公尺

二齒豬籠草

維奇豬籠草

紐幾內亞豬籠草	*Nepenthes neoguineensis*	紐幾內亞	0 ～ 1400 公尺
諾斯豬籠草	*Nepenthes northiana*	婆羅洲	0 ～ 500 公尺
卵形豬籠草	*Nepenthes ovata*	蘇門答臘	1700 ～ 2100 公尺
毛毛豬籠草	*Nepenthes peltata*	菲律賓	865 ～ 1635 公尺
伯威爾豬籠草	*Nepenthes pervillei*	賽席爾	350 ～ 750 公尺
有柄豬籠草	*Nepenthes petiolata*	菲律賓	1450 ～ 1900 公尺
細毛豬籠草	*Nepenthes pilosa*	婆羅洲	1600 公尺
寬唇豬籠草	*Nepenthes platychila*	婆羅洲	900 ～ 1400 公尺
美麗豬籠草	*Nepenthes pulchra*	菲律賓	1300 ～ 1800 公尺
萊佛士豬籠草	*Nepenthes rafflesiana*	婆羅洲、馬來西亞半島、新加坡、蘇門答臘	0 ～ 1200 公尺
馬來王豬籠草	*Nepenthes rajah*	婆羅洲	1500 ～ 2650 公尺
岔刺豬籠草	*Nepenthes ramispina*	馬來西亞半島	900 ～ 2000 公尺
二眼豬籠草	*Nepenthes reinwardtiana*	婆羅洲、蘇門答臘	0 ～ 2200 公尺
菱莖豬籠草	*Nepenthes rhombicaulis*	蘇門答臘	1600 ～ 2000 公尺
硬葉豬籠草	*Nepenthes rigidifolia*	蘇門答臘	1000 ～ 1600 公尺
羅伯坎特利豬籠草	*Nepenthes robcantleyi*	菲律賓	約 1800 公尺
羅安娜豬籠草	*Nepenthes rowanae*	澳大利亞	0 ～ 80 公尺
血紅豬籠草	*Nepenthes sanguinea*	馬來西亞半島	300 ～ 1800 公尺

布凱豬籠草

諾斯豬籠草

辛布亞島豬籠草	*Nepenthes sibuyanensis*	菲律賓	1250 ～ 1500 公尺
匙葉豬籠草	*Nepenthes spathulata*	蘇門答臘、爪哇	1100 ～ 2900 公尺
顯目豬籠草	*Nepenthes spectabilis*	蘇門答臘	1400 ～ 2200 公尺
蘇門答臘豬籠草	*Nepenthes sumatrana*	蘇門答臘	0 ～ 800 公尺
塔藍山豬籠草	*Nepenthes talangensis*	蘇門答臘	1800 ～ 2500 公尺
毛蓋豬籠草	*Nepenthes tentaculata*	婆羅洲、蘇拉威西	400 ～ 2550 公尺
細豬籠草	*Nepenthes tenuis*	蘇門答臘	1000 ～ 1200 公尺
高棉豬籠草	*Nepenthes thorelii*	越南	10 ～ 20 公尺
東巴豬籠草	*Nepenthes tobaica*	蘇門答臘	380 ～ 1800 公尺
寶特瓶豬籠草	*Nepenthes truncate*	菲律賓	0 ～ 1500 公尺
維奇豬籠草	*Nepenthes veitchii*	婆羅洲	0 ～ 1600 公尺
葫蘆豬籠草	*Nepenthes ventricosa*	菲律賓	1000 ～ 2000 公尺
維耶亞豬籠草	*Nepenthes vieillardii*	新喀里多尼亞	0 ～ 850 公尺
長毛豬籠草	*Nepenthes villosa*	婆羅洲	2300 ～ 3240 公尺
佛氏豬籠草	*Nepenthes vogelii*	婆羅洲	1100 ～ 1500 公尺

蘇門達臘豬籠草

白環豬籠草

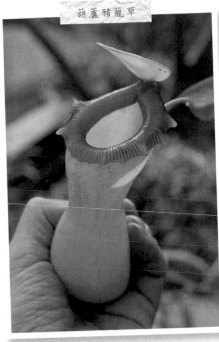

葫蘆豬籠草

大豬籠草

美林豬籠草

二眼豬籠草

翼狀豬籠草

寶特瓶豬籠草

辛布亞島豬籠草

毛毛豬籠草

MEMO

豬籠草的品種實在是太多了，想要
收藏所有品種幾乎是不可能的任
務，因為不同品種的豬籠草就會生
長在不同的環境，有的在高山，有
的在平地，所需要的生長條件和環
境也都不盡相同，但是它們的捕蟲
瓶各個造型獨特、千變萬化又美豔
迷人，這也是小鴨王為何對豬籠草
總是情有獨鍾，之前的第一本著作
幾乎全書都在討論豬籠草。

延伸閱讀

由於市場上流通的豬籠草品種實在太多了，無法在這兒向大家一一介紹，不過在小鴨王部落格
中有整理出許多常見的品種，蝕友們可以參考看看喔。
https://taiwancp.blogspot.com/search/label/ 豬籠草

Q 我要如何繁殖家中的豬籠草呢？

　　許多栽培植物的玩家們最關心也最重視的議題，就是如何繁殖手頭上的植物。最傳統的方式是透過花卉授粉播種的有性繁殖，不過這一招用在豬籠草身上有非常高的難度。別急！別急！不是小鴨王藏私不想教導大家如何繁殖豬豬，而是事先把所有的情況跟各位解釋清楚，才不會白忙一場。

　　首先豬籠草是一種「雌雄異株」的植物，簡單來說它們不像一般植物，只要開一朵花就能夠同時擁有雄蕊和雌蕊，豬籠草其實和人類一樣，一株豬兒就只有單一性別，不論是雄豬還是雌豬只要植株成熟了都會開花，雄豬所開出的雄花會有長長一根像是小香菇一樣的花柱，上頭黃色粉末狀的就是它們的花粉，而雌豬則會有孕育種子的子房，花朵形狀看起來就像是一顆小橄欖，想要讓您的豬籠草成功開花結種的話，單靠一株豬籠草是沒有辦法達成任務的。

　　您必須同時擁有一株雄的豬籠草還有一株雌的豬籠草，並且非常剛好的它們在同個時間點一起開花，接著將雄花的花粉沾黏到雌花的柱頭上之後，再等一到三個月左右的成熟時間，才會有機會取得授粉成功的種子。就算拿到了種子也別高興的太早，因為從播種下去到長出成熟的捕蟲袋，至少也要二到三年以上的時間，這也是為何小鴨不建議大家採用這種方式來增加您的豬籠草。至於比較優的繁殖方式是哪個呢？且容小鴨之後再和大家介紹吧！

尚未成熟綻放的豬籠草花不太容易分辨出性別，要等到花苞打開之後才會清楚究竟是他還是她囉！

延伸閱讀

小鴨王的部落格也有介紹豬籠草雄豬雌豬花朵的區別方式。

https://taiwancp.blogspot.com/2008/07/blog-post_6.html

MEMO

一株成熟的豬籠草究竟何時會開花並沒有一個定數，有時候今年有開花，明年沒開花也是很常見的現象，因此想要等到它們開花可以說是一個驚喜。比較容易開花的季節就是季節交替的時候，像是春入夏，或是夏入秋，豬籠草的花梗通常都會長得非常長，這是為了避免來幫忙授粉的昆蟲被捕蟲瓶給吸引捕捉，此外，花苞也會像是鞭炮一樣又多且長，就是為了要盡可能的延長開花時期，等候其他豬籠草們一同開花，以增加授粉成功的機率。

豬籠草雄花

豬籠草雌花

Chapter3 豬籠草篇

Q　豬籠草會怕冷還是怕熱嗎？

　　雖然豬籠草大多都是生長在熱帶地區，不過它們的分布海拔範圍非常廣泛，所以縱使是終年高溫的熱帶赤道地區，但就像我們夏天時爬到高山上依舊非常涼爽的道理一樣，只要生長分布在海拔高度超過一千五百公尺以上的高山地區，我們會稱呼這類豬籠草為「高地豬籠草」Highland *Nepenthes*，至於若是生長分布在平地以及海拔低於五百公尺以下的丘陵平地，則會稱呼這類豬籠草叫做「低地豬籠草」Lowland *Nepenthes*，而介於這中間的則稱呼它們叫做「中地豬籠草」Intermediate *Nepenthes*，通常低地豬籠草大多都是生長在日溫 24 ～ 35℃左右，夜溫 16 ～ 25℃左右的溫度環境下，如果您是在南台灣栽培它們的話非常適合，不會有太大問題，但若是在北台灣，一旦遇到冬季寒流溫度低於 15℃以下，植株就會出現寒害和凍傷的情況喔！

　　同樣的道理，高地豬籠草大多是生長在日溫 18 ～ 26℃，夜溫 8 ～ 18℃左右的低溫環境，若是在夏季高溫超過 28℃以上的話，就會讓您的高地豬籠草出現熱衰竭現象。假如是超過兩千五百公尺以上的「超高地豬籠草」Ultra Highland *Nepenthes*，這種超高海拔的熱帶山區雖然不會有下雪情況，但是想要植株生長良好，溫度控制就要更加的精密和極端。因此，講到這裡大夥應該就能理解，為何小鴨王要把豬籠草的分布海拔高度列出來給大家參考，想要知道您的豬籠草是生長在哪種海拔高度，到底是怕冷還是怕熱的種類，就必須要好好對照表格才能針對它們的特性來擬定栽培方針喔！

當您的豬籠草在冬天低溫時期，葉緣開始出現乾枯焦黃，這就很有可能是低溫所引起的寒害喔！

延伸閱讀

小鴨王的部落格有介紹如何分辨豬籠草對冷熱環境的喜好。

https://taiwancp.blogspot.com/2017/04/blog-post_24.html

MEMO

這張照片是在一月左右時拍攝的，當時的氣溫低冷，正是標準典型北台灣的冬季型氣候，雖然圖片中的兩株豬籠草都有結出捕蟲瓶來，但是我們可以從它們的葉身顏色明顯觀察出差異來，左邊的豬籠草叫做葫蘆豬籠草 N. ventricosa，是標準的高地豬籠草，而右邊的豬籠草叫做考克豬籠草 N. × 'Coccinea'，是屬於典型的低地豬籠草，左邊高地豬的所有葉身都是健康的青綠色，而右邊的低地豬因為受到低溫寒害影響，所以有不少葉面都轉為凍傷的赤紅色，這就是不同類型豬籠草的差別，因此小鴨王會建議大家在購入豬籠草之前，先理解一下它們的品種名稱，弄清楚它們的生長海拔範圍，才能推測您的豬籠草喜歡生長在什麼樣的溫度條件下。

冬天裡的高地豬和低地豬

Q 豬籠草有哪些病蟲害需要注意呢？

是的，您沒有看錯，吃蟲的豬籠草也會有被蟲吃的一天。不過老實說，如果您不在乎豬籠草的外觀一定要完美無瑕的話，其實能夠對豬籠草植株生命造成威脅的害蟲種類並不多，比較常見的就是毛毛蟲這種蝴蝶或是蛾類的幼蟲。牠們常常會來啃蝕豬籠草的頂芽與嫩葉，防治方式也很簡單，只要定期巡視您的植株外觀，倘若發現葉片嫩芽有缺角咬痕的話，就在葉面葉背四周找找看，很容易就能發現躲在附近的小蟲，基本上只要動手移除牠們就可以囉！

比較讓小鴨頭痛的是體積更小，繁殖速度超快的「薊馬」，這種超小型公認的農業害蟲往往會聚集在豬籠草的頂芽和葉縫之中吸食葉片裡的汁液，只要您家中附近有果樹開花，夏季時期很容易就會被薊馬找上門來，想要減少這種害蟲的密度，就必須要透過噴灑一些藥劑來防治和處理，不過這類害蟲大多都只會讓您的豬籠草長得醜醜的，不至於會讓植株死亡。大夥可以不用太積極選擇使用有毒的農藥來抵制，只需要先用一些有機無毒的藥劑來施作，主要目的是控制害蟲的數量和密度

毛蟲吃豬籠草

延伸閱讀

小鴨王的部落格有更進一步介紹薊馬蟲害的討論。

https://taiwancp.blogspot.com/2017/05/blog-post_16.html

即可，不一定要把害蟲殺的一乾二淨，因為隔年夏天來臨時，牠們一樣會很快地找上您，所以盡量學著讓您的植株和它們共生共存，只要控制傷害就可以囉！

除了肉眼所能目視的蟲子外，比較棘手的反而是肉眼看不見的東西，也就是那些會造成植株生病的病毒和細菌。這些肉眼所無法觀測到的害體，也是可以透過維護環境整潔和保持土壤排水透氣，再加上充分的陽光照射來達到殺菌抑病的效果，只要您不莫名的去修剪那些還沒有完全乾躁枯萎的葉身，避免製造過多的傷口，維

護好植株強健的體質，自然就不用過度擔心這些病毒會感染您的植株。偶爾也可以噴灑一些能夠幫助抑制病菌的有機藥劑，像是木醋液、樟樹精油等也是有幫助的喔！

延伸閱讀
小鴨王的部落格有介紹處理蟲害的方式與流程。
https://taiwancp.blogspot.com/2017/05/blog-post_11.html

MEMO

雖然豬籠草能夠捕捉到的昆蟲非常多，但還是有一些小蟲不受它們的捕蟲陷阱所吸引，反而會以豬籠草的嫩芽與葉汁為食，雖然這類害蟲大多數不太會奪取植株的性命，但是如果一直不處理也會影響植株整體的態勢和美觀，因此如果害蟲密度太高或是危害範圍較大時，咱們栽培頭家就要稍微介入處理一下囉！

啃蝕豬籠草的夜盜蛾幼蟲

Q　為什麼我們家的豬籠草 都不結袋子呢？

豬籠草不結袋的原因實在太多了，不過小鴨可以幫大家整理統合幾個比較常見到的原因，為各位一一介紹和解釋清楚。

一、栽培環境出現變化：

比方說剛從花市或是店家將植株購買回去的前幾週，因為植物到了一個新環境必須重新適應，自然就會出現停止結瓶、生長緩慢等情況，處置方式自然就是給予植株時間，讓它們自然適應之後就會開始恢復

結瓶啦！當然，若您所提供的環境優於之前栽培者所提供的環境，那麼植株適應的時間就會大大縮短，甚至出現生長加快、結瓶茂盛的情況。

二、生長所需陽光不足：

這幾乎是很多初學者都會遇到的問題，就是誤以為豬籠草不能夠晒到太陽，有些業者甚至會跟消費者說豬籠草是屬於室內植物，如果您將它們一直栽培在缺光的環境下，那麼您的豬兒自然沒有足夠能量讓它們長出捕蟲瓶來。

三、使用到含肥料土壤：

小鴨在花市也曾遇過一些較年長的栽培者遭遇到這種情形，那就是原本生長良好的植株在換了盆土之後，就發生了只長葉子不會結瓶的窘境，通常這種時候就是使用到含有肥料的土壤，假如您家中的豬籠草葉色都非常深綠，葉片也很大片又漂亮，但卻怎麼樣也不會結瓶，那大概有可能是用錯土壤。這時候只要將舊的土清洗掉，並更換正確土壤即可以解決啦！小鴨常在花市解釋說明給客人聽，有一次甚至直接贈送一包土壤請有疑心的客人回去更換，換完土之後過了一個月左右，這位客人就回來報喜說豬豬開始結瓶，從此就成為小

鴨王的老主顧啦！

四、氣候溫度因素：

誠如先前跟大家所說，豬籠草有高低海拔不同品種之分，假如您的豬兒是怕冷的低地豬籠草，那麼在氣溫寒冷的冬天裡自然不會結出什麼漂亮的捕蟲瓶。這種因為氣候而不結瓶的原因，只要在季節轉變之後自然會慢慢的改善恢復，也不用過度擔心。

五、根系不穩不能結瓶：

這樣的原因最常出現在剛扦插沒多久的枝條身上，有些玩家或是業者會販售一些悶植在袋內，剛扦插的豬籠草枝條，這種枝條還沒有長出健全的根系，會把重心和養分集中在發展的根部，那麼自然也就不太能結出什麼漂亮的美瓶，就算真的結出捕蟲瓶來，只要把悶植的袋子一打開，或是空氣溼度驟降之後，那些虛弱的捕蟲袋很快就會乾枯，只有等豬籠草的根系生長齊全完整之後，植株才會開始結出持久且健康的捕蟲瓶。

MEMO

就算是剛從種子孵出來沒多久的豬籠草幼苗，也都會長著迷你版的小捕蟲瓶，因此如果您的豬籠草沒有長出捕蟲瓶來，一定是有原因，這時候就要請您仔細檢視一下上面所談到的各種事項，找出可能的原因並且針對問題來改善，只要您的植株健康、環境合適，自然而然就會開始結瓶生長。

豬籠草的幼幼瓶

Q 我們家的豬籠草長得超高超長的，該怎麼辦？

豬籠草是屬於藤蔓類的植物，只要栽培時間久了自然而然就會開始四處攀爬越長越高，這時候如果想要維持植株短巧美好的體態，又想要順便繁殖製造新的植株，那麼最棒的選擇就是透過修剪枝條和扦插的無性繁殖方式來處理。

小鴨通常會將靠近基部的老葉先修剪掉，然後立上一根支架或是綁住固定植株的莖幹，讓那長得高高的主莖稍微歪個頭，使陽光能夠直接曝晒到靠近土表的基部，接下來只要晒的時間久了，自然而然就會從靠近土表的基幹處長出新的側芽生長點，等到側芽長大展葉直徑尺寸超過15cm之後，表示已經差不多穩定成熟了，就是可以準備動刀修剪過長主莖的時機。

接下來小鴨會將那長長的主莖給修剪掉，保留比較矮的側芽當作之後的主芽，接著那一整條切下來的莖幹就能當作扦插繁殖的最好教材。我們可以將這長長的莖幹枝條分段，每二到三片葉子為一段切開，再將這些枝條插入豬籠草適合的介質或水苔裡，不過在這兒小鴨教您一招「白水插豬法」。就是直接把枝條插入裝有乾

淨清水的水杯之中，定期加入清水保持水位，等候約一至三個月左右的時間，這些枝條的切口就會冒出黑黑的短根來，當這些黑色根系長到 5 公分長左右時，就可以將它們種進適合豬籠草的土中，完成這整個扦插繁殖的過程。

豬籠草本來就會隨著時間慢慢增長，當植株高度超過栽培空間或是吊盆所能承受時，那麼就可以準備動刀幫它們修剪整理一下囉！

豬籠草扦插流程圖

STEP 1　修剪底部老葉。

STEP 2　固定莖幹讓陽光能照射基部。

STEP 3　誘發等候基部冒出新生側芽。

STEP 4　切斷過高過長的主莖，讓底部側芽頂替主芽。

STEP 5　將主莖分段拿去扦插。

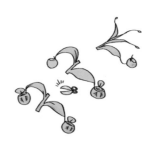

MEMO

扦插豬籠草

STEP 1

選擇健康的豬籠草枝條來扦
插，其成功機率會提高許
多，另外比較適合扦插的季
節則是 3～4 月初春的時
候，在剪枝條時最好保留三
片左右的葉子來提供枝條養
分，多餘的老葉和捕蟲袋子
修剪掉也沒關係，裁切時刀
子與枝幹呈現垂直，讓植株
身上的傷口越小越好。

STEP 2 – STEP 3

剪下枝條後小鴨習慣再斜切
一刀，這樣的斜面切口不但
方便插入土中，也會有較大
的面積可以吸收水分。

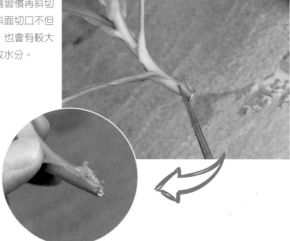

STEP 4

接下來您可以準備全新乾淨的水苔或是
泥炭土來當作扦插的介質,不過小鴨這
次傳授的是使用純水來扦插,只需將您
的枝條插入乾淨的水瓶就行了,聽起來
是不是很容易呢?其實這種清水扦插的
方式雖然發根速度會比較慢一些,不過
成功機率頗高。蝕友們只要留意定期加
入或是更換乾淨新的水源,避免水位低
於切口讓傷口乾縮就好,插入水瓶之後
只需要將它們擺放在明亮的窗邊或是靠
近牆邊的地板上,維持枝條有能夠行使
光合作用持續生長的光源,但是不會被
強風直吹或是強光直晒就行了。

STEP 5

如果一切順利,大概經過一至三個月左
右的時間,枝條的切口就會開始膨脹,
並且長出黑色毛茸茸的根系,等到這些
黑色根系的長度超過 3 公分之後,就可
以從水瓶中拿出來植入土中繼續栽培,
這樣就算完成無性繁殖豬籠草的作業
囉!

CHAPTER 4

毛氈苔篇

Q 毛氈苔的基礎知識介紹 ── 原生環境

　　黏呼呼的毛氈苔可以說是分布範圍最為廣泛的食蟲植物，不論是歐、亞、非三洲，還是美洲和澳洲，幾乎世界各地都有毛氈苔的足跡，就連台灣也有屬於咱們本土的小毛氈苔、寬葉毛氈苔及長葉茅膏菜。正因為毛氈苔的分布範圍廣、品種繁多，生長的環境氣候也都非常多元，不論是溫帶、寒帶還是熱帶和亞熱帶類型的氣候都有毛氈苔生活著，就連地中海型氣候和雨林型氣候也有毛氈苔的家族存在，想要種好它們最優先的步驟，就是要瞭解認識它們是生長在什麼類型的氣候環境下。此外，毛氈苔的植株體積小又不占空間，如果能夠提供穩定的光源，就非常適合拿來栽培在室內窗戶旁，或是布置在造景缸內，技術手藝好的蝕友們，也可以把它們拿來製作成苔球把玩喔！

原生在台灣北部山區的小毛氈苔，依據生長地點與環境不同，所長出來的捕蟲葉色澤也會有不同的變化喔！

Q 毛氈苔是如何捕食昆蟲獵物的呢？

小毛們的捕蟲方式非常簡單明瞭，不論是哪一品種的毛氈苔，在它們的捕蟲葉上都會充滿無數的腺毛，而腺毛的頂端都有一顆小紅球的腺體，這些腺體會分泌出許多透明的黏液，而這些黏液會散發出特殊的味道來吸引小蟲上門，一旦小蟲誤以為毛氈苔是食物而停留在充滿黏液的捕蟲葉上時，就會被捕蟲葉上黏答答的黏液給沾黏住，當小蟲為了掙脫不斷地展翅掙扎時，除了會讓身體沾到更多的黏液外，也會產生細微的振動來源，那麼毛氈苔捕蟲葉上那些無數的腺毛，就會朝向振動的源

頭慢慢靠去，小蟲最後因全身上下都被黏液給包裹住而無法呼吸，只能夠慢慢地被毛氈苔的黏液給消化掉，再透過腺毛頂端的腺體將養分給吸收回毛氈苔體內。

毛氈苔吃蟲示意圖

捕捉獵物的毛氈苔

Chapter4　毛氈苔篇

延伸閱讀

大多數的人都以為全世界會有捕食動作的食蟲植物只有捕蠅草而已，其實毛氈苔也是一種會因為捕食到獵物而有動作產生的食蟲植物喔！只是它們的捕食過程非常緩慢，需透過縮時攝影的編輯才會比較容易觀察和欣賞。小鴨王有拍攝不少毛氈苔捕食過程的縮時影片，讀者們可以掃描 QRCode 連接到台灣蝕會臉書網站上觀賞影片，就能感受到毛氈苔它們充滿野性的捕食過程。

https://www.facebook.com/taiwancp/videos/842520935800656/

Q　毛氈苔需要多少時間的光照呢？

　　為了避免誤會，小鴨還是要先來特別強調一下，雖然小鴨有提到毛氈苔蠻適合放在室內栽培，可是不論是哪一個品種的毛氈苔，都是需要陽光的喔！只是依據品種和氣候的差別因素，會有多光和少光的調整，想要讓您的毛氈苔能夠展現出閃閃發光、水水動人的美姿，優質穩定的光照絕對是不可或缺的一項因素與條件。和其他大多數的食蟲植物一樣，假如您完全不清楚到底您的毛氈苔需要多少陽光時，那麼就請先從每天接受四小時光照開始嘗試吧！如果您的毛氈苔能夠持續生長出新的捕蟲葉來，而這些捕蟲葉都有分泌出滿滿的黏液和水珠，那麼就表示這樣的光照條件是滿足的，假若您的毛氈苔一直都沒有辦法正常分泌出黏液來的話，這時候就要開始考慮是否所提供的光照不足。一般來說，每天能夠接受到陽光照射四～六小時左右，就能將您的毛氈苔栽培的非常優美喔！

MEMO

毛氈苔捕蟲葉上的水珠並不是人為噴灑上去的水，相反地，如果您對著毛氈苔葉身噴水的話，反而會把這些捕蟲黏液給沖洗掉，讓植株變得醜巴巴。只有讓您的毛氈苔享受到充分的陽光，保持土壤潮溼，根系能有充沛的水分吸收，才能夠讓您的毛氈苔分泌出許多黏液而閃閃發光喔！

陽光充足下的毛氈苔

Q 我應該用什麼樣的介質來栽培毛氈苔呢？

STEP 1

調配毛氈苔的混合介質前我們可以準備一個有深度的塑膠方盤，並且將泥炭土還有需要的細顆粒砂土一起倒入盤中，圖中可以清楚的分辨出來，盤中左邊一半深色的土壤是無肥酸性的泥炭土，右邊則是分別倒入了細顆粒的赤玉土、鹿沼土、桐生砂和博拉石，整體比例剛好是泥炭土：顆粒砂集合 = 1：1。

STEP 2

在確認放入所有需要的土壤介質與比例之後，接著用手仔細將這些土壤混合均勻，由於沒有調整過的泥炭土是屬於頗酸的介質，為保護您的雙手，建議最好戴上手套再來進行。攪拌過程中也可加入一些清水，稍微潮溼的土壤黏著密合度會更好，攪拌起來也比較不會有太多的粉塵產生。

STEP 3

最後只要確認所有的顆粒砂土都已經和泥炭土完全混合均勻就算大公告成啦！調配混合好的介質最好是能夠儘快使用完畢，不要擺放太久以免土壤乾燥結塊和變質。最好就是依需要的分量調配適當的混合介質，千萬不要調配一大堆用不完擺著，這樣只會造成您辛苦調配的混合介質慢慢變質甚至發霉而已。

延伸閱讀

小鴨王的部落格有更進一步介紹食蟲植物用混合介質的討論。

https://taiwancp.blogspot.com/2017/05/blog-post_78.html

Q 我應該要用什麼樣的方式來幫毛氈苔澆水呢？

毛氈苔大多原生在擁有充沛水源的環境，因此絕對不能讓盆土完全乾燥，要維持土壤溼度的穩定，才不會讓它們脫水受傷。雖然毛氈苔的植株不是不能夠直接澆淋，但還是強烈建議大家給水時，盡量不要從植株頭上直接灌澆，除了小心避開植株澆淋盆土外，小鴨王認為最優的給水方式還是採用墊上水盤從盆底吸水的腰水法，蝕友們可以準備一個大水盤，將所有的毛氈苔放入水盤中，並且倒入 1～2 公分高的底水來讓毛氈苔慢慢的從盆底吸水，等到水盤中的水完全乾掉之後再重新倒入同樣高度的水位即可，不必一直保持水位，讓您的水盤有乾有溼的原因，是要給盆底的土壤有透氣的時間，不會因為長時間的泡水而加速介質腐敗與變質。另外，也建議蝕友們盡量不要讓您的毛氈苔淋到雨水，尤其是尚未成熟的小苗，往往被大雨灌淋之後很快就會莫名的夭折，至於成熟的毛氈苔如果被雨水淋到，也會把捕蟲葉上的消化液給沖洗掉，這樣將使您的小毛有好一段時間變成沒有黏液乾扁的醜小鴨喔！

MEMO

為了能夠一次性給予所有毛氈苔穩定的水源，小鴨王喜歡使用大型水盤，將所有的毛氈苔都擺放在一起，直接把水倒入水盤之中讓所有的盆土都能夠從底部吸收水分，這樣會比一盆一盆灌澆要來的更省時方便喔！

大水盤栽培毛氈苔

Q 我應該要將毛氈苔栽培在哪些地方呢？

　　如果考量到小鴨王之前提到的幾個注意事項，栽培毛氈苔除了不喜歡淋到雨外，柔軟的它們也不喜歡生長在有強風吹襲的地方，因此想要提供它們不會雨淋和風吹的地方，可能就要選擇有透明採光罩或是屋頂的陽台內，或是擺放在能夠透光進來的玻璃窗戶旁，基本上只要能夠讓植株照射到四～六小時左右的陽光，又不會被風吹雨淋的話，都是可以拿來栽培毛氈苔的好位置。

　　蝕友們除了參考以上幾點外，小毛還有一項非常優異的特點，那就是毛氈苔可算是食蟲植物圈中最適合拿來栽培在室內的植物。這是因為小毛的植株體積小、葉身也較薄，只需要準備一盞燈具來充當人工光源，就能夠將小毛栽培的非常漂亮、閃閃動人。如果您想要將小毛栽培在有中央空調的辦公室內也沒問題，只要將它們栽種在一個小玻璃球缸內，再附上一盞檯燈和定時器，就可以讓小毛們快樂的生長，不需要太多煩惱與照料喔！

MEMO

如果要選擇最適合拿來擺在室內，利用燈具栽培的毛氈苔，那麼小鴨王最推薦的品種就是阿迪露毛氈苔。這種生長在雨林底層的毛氈苔對於光照的需求較少，只需要在它們的頭上點一盞檯燈，就可以維持其基本的生長光源，燈泡的使用可以選擇 21 ～ 24W 白光的省電燈泡，或是 9 ～ 11W 的 Led 白燈泡皆可。另外，植株和燈泡間距離大約 15 ～ 20cm 左右，要這樣近距離的光照才能夠滿足毛氈苔。由於毛氈苔的品種非常多，每一種毛氈苔對於光照的需求程度不盡相同，再加上市面上的燈具用品有太多的品牌和規格，小鴨王在此僅提供一點小小心得與方向，想要深入研究室內人工光源栽培植物的話，就請讀者們去自修與嘗試囉！

最後，還是要提醒一下大家，使用人工光源和自然陽光所栽培出來的植株表現會有差異，不論是植株的色澤還是葉身的形態都有明顯的差別，小鴨王提供給大家的是基礎入門知識，想要在室內栽培植物可是有著非常多需要學習與留意的地方。

桌燈栽培的毛氈苔

Q 為什麼我們家的毛氈苔都 沒有閃亮亮的水珠呢？

　　小鴨在花市擺攤的時候，常常會有客人詢問小鴨爲何自家的毛氈苔各個都是閃閃發光、水水動人呢？其實想要讓您的小毛充滿黏液和水珠，重要的不是將植株套袋悶植，更不是用噴霧器灑水在植株葉表，最關鍵還是要維持好毛氈苔生長所需要的環境條件，那就是使用正確的介質，保持土壤潮溼，給予植株充分的光照，避開強風淋雨之處。基本上，只要將生長環境維持妥善，毛氈苔們自然就會生長良好，體質健康的毛氈苔才會開始分泌黏液準備來捕食獵物，這樣才是正向優良的循環，如果您的毛氈苔根系不穩，植株脆弱到無法正常分泌黏液時，就算您想盡辦法施肥餵蟲也都只是徒勞無用，反而會讓它們長得更糟糕而已，所以千萬不要認爲您的小毛沒有水珠就是沒吃飽，正確的方式是要重新檢視您的栽培環境是否符合毛氈苔們的需求。

MEMO

健康的毛氈苔才會自行分泌出黏液來捕食獵物，同樣的道理也適合用在其他食蟲植物身上，基本上如果您的食蟲植物能夠長出捕蟲器來捕捉獵物，就是它們正處於健康穩定的狀態下，就像豬籠草能夠結出瓶子來，捕蠅草能夠長出夾子來，體質衰弱的食蟲植物就算您餵食它們，也不會有什麼實質上的幫助喔！

閃亮發光的毛氈苔

Q 我應該要把毛氈苔用袋子
套起來悶養嗎？

「悶植法」就是一種利用透明塑膠袋或杯罩等之類的東西將植株整個罩起，保持在溼度非常高的環境中生長，雖然這樣強迫提高空氣溼度的方法，確實能讓您的毛氈苔產生一定的水珠在捕蟲葉上，不過這些水珠單純就是潮溼的水氣而已，如果將袋子打開解除悶植的環境，不用幾小時立刻就會縮成乾巴巴的模樣，此外將植株栽培在狹小的空間中，如果遇到強光很容易就會產生溫室效應，讓袋中的溫度飆破五十度，那麼袋裡的毛氈苔就會變成燙青菜一樣整個被蒸熟，因此，悶植法其實是有許多風險存在，小鴨王還是建議蝕友們除非必要，盡量不要採用悶植法來栽培毛氈苔，就算真的要套袋或是入缸，依舊要保留一個排風口來給植株透氣。

套袋悶植的毛氈苔

Q 我要餵食毛氈苔哪種食物呢？

毛氈苔最棒的食物到底是什麼呢？小鴨王嘗試過了許許多多不同的昆蟲，最後真心認為給您家小毛最棒的食物，就是大家最討厭的「蚊子」。沒錯！小鴨說的就是會吸你血超討厭的蚊子。不論您是使用電蚊拍電擊到的蚊子，還是用無影掌巴下來的蚊子，都可以直接拿來餵食毛氈苔。蚊子的軀體不像其他甲蟲類那樣有著厚厚的甲殼，此外，蚊蟲的體積大小又不會太大，剛好非常適合體型嬌小的毛氈苔。餵食施作的方法也很簡單，只要將捕捉到的蚊子直接沾黏到毛氈苔的捕蟲葉上即可，在經過一至兩個禮拜左右的時間，蚊子就會慢慢的被毛氈苔給分解消化，最後連一點蹤跡都不會存在，可說是最棒、最環保，也是爽度最高的食物啦！接下來，是否激起您滿滿的動力，開始想要拿起電蚊拍來找蚊子了呢？

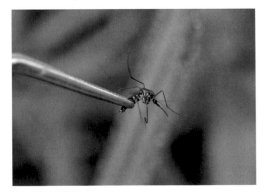

餵食毛氈苔蚊子

延伸閱讀

小鴨王的部落格有介紹如何選擇食蟲植物的餵食對象。
https://taiwancp.blogspot.com/2017/06/blog-post.html

Q 市場上常見的毛氈苔有哪些呢？

誠如小鴨之前所提到的，毛氈苔在世界各地都有分布與生長，它們登記有案的品種達一百九十多種，不過在台灣的市場和店家所流通的品種其實並不多，這是因為毛氈苔的體積小又不起眼，再加上配送包裝上有很大的困難性，所以不論是宣傳還是推廣上也都比較少，小鴨在此簡單介紹一些經常會在市面上看到的毛氈苔品種來給大家參考一下。

阿迪露毛氈苔 *Drosera adelae*

這是一款產自澳洲昆士蘭的毛氈苔，由於它們是生長在雨林底層的毛氈苔，所以對於光照的需求比較少，是少數幾款可以耐陰的毛氈苔，不需要光照直射只要明亮的散射光就可以生長妥當，因此非常適合栽培在室內窗邊，或是玻璃缸內利用人工光源來栽種的一款毛氈苔。多年生的它們只要栽培空間足夠，植株很輕易就可以長大到直徑超過 15cm 以上，算是中大型的毛氈苔。

延伸閱讀

小鴨王的部落格有更進一步詳細介紹阿迪露毛氈苔。

https://taiwancp.blogspot.com/2009/10/drosera-adelae.html

北領地毛氈苔

Australian petiolaris-complex

北領地毛氈苔是生長在澳洲北部地區的毛氈苔家族統稱，家族大約有十幾位成員，市場上比較常出現的是紅孔雀毛氈苔，基本上北領地毛氈苔們大多長得像是煙火一般，從植株中心伸出一根根細長的葉柄，頂端有著湯匙狀的捕蟲葉，同樣也是多年生的它們非常適合栽培在終年溫暖潮溼的台灣南部地區。

延伸閱讀

小鴨王的部落格有更進一步詳細介紹北領地毛氈苔家族。

https://taiwancp.blogspot.
com/2019/08/petiolaris-complex.html

園藝小毛氈苔

Drosera spatulata unknown hybrid

這應該是市面上流通最廣、最多、也最常見到的毛氈苔，雖然它們長得和台灣原生種的小毛氈苔非常相似，不過可能是因為人工栽培的環境比較舒適，或者是有經過其他不知名的品種交配過，只知道它們的植株體積會比野外原生的小毛氈苔要來的大上一些，為了方便區別和稱呼所以特別加上「園藝」兩個字在小毛氈苔的名稱前頭，至於它們詳細正確的品種名稱，因為來源時間太過久遠已無法考證。無論如何，它們的生長速度和適應力都非常驚人，比較可惜的就是一年生的它們在開完花、結完種子之後沒多久就會自然枯萎壽終正寢。

延伸閱讀

小鴨王的部落格有更進一步詳細介紹小毛氈苔。

https://taiwancp.blogspot.
com/2010/01/drosera-spathulata.html

寬葉毛氈苔 *Drosera burmannii*

雖然不是很常見，不過小鴨王確實有一陣子在花市看到它們上架販售的蹤跡，宛如小銅幣一樣小巧可愛的寬葉毛氈苔，就算是擺放在攤位的正前方，也很容易會被民眾給忽略掉，在花市流通的寬葉毛氈苔不一定全部都是台灣原生種，也有一些是從國外進來的寬葉毛氈苔，開出來的花朵有分白色和粉色小花兩種，有興趣的蝕友們可以仔細觀察看看您手頭上的寬葉毛氈苔是開什麼顏色的小花。同樣也是一年生的它們如果想要延續栽培時間，可別忘了要採集種子喔！

叉葉毛氈苔 *Drosera binata*

這是一款生長在澳洲、紐西蘭等地的毛氈苔，它們的捕蟲葉會隨著植株的年齡慢慢的越分越多叉，一開始可能只是單純的 T 字形，等到再成熟一些的時候就會變成 H 形，經過一、兩年長時間的栽培之後，甚至會出現像是鹿角一樣的多叉形。多年生的它們也是可以生長到頗高的體型，算是花市常見的中型毛氈苔，想要讓叉葉毛氈苔直立高挺的話，充足的陽光是絕對必須要的。

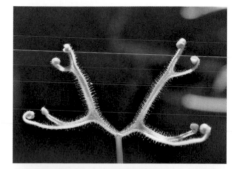

延伸閱讀
小鴨王的部落格有更進一步詳細介紹寬葉毛氈苔。
https://taiwancp.blogspot.com/2011/05/drosera-burmanni.html

延伸閱讀
小鴨王的部落格有更進一步詳細介紹叉葉毛氈苔。
https://taiwancp.blogspot.com/2019/03/drosera-binata.html

好望角毛氈苔 *Drosera capensis*

誠如其名,這是一款產在南非好望角的毛氈苔,它們細長的捕蟲葉就像是皮帶一般,當小蟲被黏液捕捉沾黏到之後,條帶狀的捕蟲葉就會開始像包壽司捲一樣捆綁小蟲,喜歡涼爽溼冷的溫帶氣候,非常適合在冬季時期栽培它們,就算夏季會有一些熱衰竭現象,不過只要保持介質潮溼不要乾透,它們還是有機會渡過酷夏,在秋天恢復元氣繼續生長下去喔!

迷你毛氈苔 Pygmy *Drosera*

迷你毛氈苔也稱作侏儒毛氈苔 Pygmy Sundews,它們和北領地毛氈苔一樣也是一個大家族,分布在澳洲的西南岸各地,家族成員品種非常多,登記有名的就有四十多種,家族成員的共同特徵就是身材都很矮小迷你,這也是為何被稱為迷你毛氈苔的原因。一年生的它們生長速度非常快,最讓人驚奇的是它們自有一套無性繁殖法「苞芽 Gemmae」,迷你毛氈苔會在進入冬季時,開始從植株中心長出片狀或是顆粒狀的苞芽,當這些苞芽成熟之後會被風雨給帶離母株,隨著風雨掉落到合適的地方後,開始自然發根長成一株全新獨立的植株,這種特殊的無性繁殖方式比傳統開花、授粉、結種的有性繁殖法還要來的有效率,而且萌芽成熟長大的成功機率更高喔!

延伸閱讀

小鴨王的部落格有更進一步詳細介紹好望角毛氈苔。

https://taiwancp.blogspot.
com/2010/07/drosera-capensis.html

MEMO

迷你毛氈苔的成員繁多，小鴨在此也就不一一點名介紹了，基本上它們的植株體積都很小，大概就是一元硬幣到五元硬幣左右，最大的品種展葉直徑也不會超過 5 公分，除了可以欣賞它們可愛的植株造型外，迷你毛氈苔家族所開出來的花朵也是非常美麗有特色的喔！

迷你毛氈苔家族

那麼我們要如何才會知道自己手上的毛氈苔是否屬於迷你毛氈苔家族之一呢？其實很簡單，基本上只要冬季時，您的毛氈苔中心開始長出一顆顆的苞芽，那麼八九不離十就是迷你毛氈苔家族的成員啦！至於要如何培植這些苞芽，那就請有興趣的讀者們上網看看小鴨王的部落格，裡面有豐富的圖文介紹與解說。

迷你毛氈苔苞芽

延伸閱讀
小鴨王的部落格有更進一步詳細介紹迷你毛氈苔苞芽的培植。
https://taiwancp.blogspot.com/2008/12/blog-post.html

迷你毛氈苔苞芽培植步驟

迷你毛氈苔需要透過寒風低溫、縮短日照，以及充沛的雨水等外在環境條件改變下才會觸發開始生長苞芽，所以如果您是將它們栽培在室內溫度、溼度和環境都很穩定的地方，反而有可能不會正常結出苞芽來，就算在冬天也是如此。因此如果您希望迷你毛氈苔能夠按照季節來採收苞芽時，千萬不要忘記將它們擺放在能夠接受到寒風低溫處，假如您是使用人工光源來栽培它們的話，在進入冬季之後記得要縮短光照時間，才會讓它們正常結出苞芽來。至於究竟要如何播種苞芽其實非常簡單，小鴨王就來示範步驟給您看喔！

STEP 1 準備細顆粒的混合介質、盆器和手套

首先，在開種之前先準備好栽培苞芽的花盆和土壤。盆子部分建議選擇高度大約 9 公分以上，因為迷你毛氈苔雖然植株體積小，但它們的根系卻非常細長，至於混合介質就和之前提到的一樣，使用細顆粒即可。

STEP 2 土壤裝入盆中後壓平壓實並澆水淋溼

接下來就是將準備好的混合介質裝入盆中，建議各位直接將盆土完全裝滿，並用手將凸起的土壤壓平壓實，如此一來土壤的密合度才會高，不會有孔洞與空隙，之後毛氈苔細小的根系才能被土壤給完整包覆。壓平後將土表澆溼，以讓定植的苞芽更穩固。

STEP 3 挑選健康且成熟的迷你毛氈苔苞芽

準備好盆土之後接下來就是摘取苞芽。在摘取之
前先觀察苞芽狀況，盡量挑選顆粒飽滿且扎實的
健康苞芽，此外，迷你毛氈苔的苞芽會像蓮座一
般生長，最外圍的苞芽通常都是最老、最成熟的，
因此在摘取苞芽時要先從最外圍開始摘取，成熟
的苞芽只需輕碰即可搖動取下，假如您用小鉗子
無論如何都拔不下來，那就表示該株苞芽尚未成
熟，這時不要勉強摘取，等過幾天後再來採收。

STEP 4 將迷你毛氈苔的苞芽種植在土表

採集下來的苞芽要立刻種植，雖可利用溼紙巾包
裹放入夾鍊袋中暫時保存，但只要一週左右，不
論您的苞芽是否有碰觸到土壤，它們都會自動萌
芽發根。在播植苞芽時請記得不要覆蓋土壤，只
需將它們擺放在土表並用小鉗子稍微輕壓一下固
定即可，多量栽植時要保留間距，將來植株長大
後才不會太過擁擠互相干擾。

STEP **5**　將定植好苞芽的盆土擺放在水盤內栽培

苞芽定植後就不要再從土表澆淋或噴水了，因為
這些苞芽的重量非常輕，只要風大一些或水多一
點就會漂浮起來。在苞芽尚未發根穩固前需採用
水盤底部給水，基本上只要保持土表潮溼就行了。
經過一、兩週左右會開始萌芽，再經過兩、三週
左右就會開始長出根系還有迷你版的小小捕蟲葉
來，這些超迷你毛氈苔們就有能力可以捕捉一些
小果蠅來覓食囉！

STEP **6**　植株完全成熟後會在冬季長出新的苞芽

從苞芽播下經過十個月左右，迷你毛氈苔的型態
就會逐漸成熟，蝕友們可以偶爾捕捉一些蚊子來
餵食，讓您的迷你毛氈苔可以儲存更多養分，等
到進入冬季時苞芽的產量和品質就會更多且更
優。當然，偶爾也會有些植株在播植後莫名夭折，
但不用難過，因為只要有其中一株迷你毛氈苔存
活下來，它們就可以在下一季為您產出二、三十
顆以上的苞芽，蝕友們只要不斷地努力輪作，很
快就會有數不盡的迷你毛氈苔大軍啦！

Q 什麼！毛氈苔也有壽命

毛氈苔也是有一定的壽命喔！常有客人來和小鴨抱怨自己栽培的毛氈苔原本生長良好，忽然有一天莫名奇妙的就枯萎黑掉了。其實有時候這是正常情形，並不是栽培者的技術不好，或是植株得了什麼病蟲害，單純就是壽命已盡。毛氈苔分為一年生種 Annual，顧名思義就是在一年之內開花結果完成任務後生命週期就結束，像是台灣原生的小毛氈苔還有寬葉毛氈苔和長葉毛膏菜都是如此，至於多年生種 Perennial 則不會因為開完花就結束生命，而會持續的生長下去，雖然最終也會有壽終正寢的一天，但是生命週期會明顯比一年生的毛氈苔要來的長久許多，像是阿迪露毛氈苔、北領地毛氈苔、叉葉毛氈苔以及好望角毛氈苔這些都是多年生的品種，其實不論一年生還是多年生都各有優缺點存在，一年生的毛氈苔雖然壽命短，但是生長速度快、繁殖力強，而多年生的小毛雖然活的久，但是生長速度慢，也比較容易遇到對台灣氣候不適應的問題。

延伸閱讀
小鴨王的部落格有更進一步介紹如何幫毛氈苔授粉。
https://taiwancp.blogspot.
com/2017/05/blog-post_18.html

MEMO

雖然看到這些乾巴巴的圖片大多會讓栽培者非常沮喪，不過這就是大自然的正常循環。假如您所栽培的毛氈苔屬於一年生，請您不用難過它們的生命比較短暫，因為只要稍微幫助它們授粉，很快就能取得大量的種子來繁殖下一代。至於多年生的毛氈苔大多授粉成功機率較低，而且從種子開始孵育到成熟植株的時間又很長，在經過長時間培養感情之後再和您離別，這樣不是更加傷感與難過嗎？因此，蝕友們可以不用太過在意底您的毛氈苔是一年生還是多年生囉！

壽終正寢的毛氈苔

如何幫助毛氈苔授粉

不論是一年生的毛氈苔,還是多年生的毛氈苔,只要植株成熟度達到,再加上環境氣候配合,它們就會開始抽出長長的花梗,這些細長花梗之所以要長得這麼高,是為了避免前來幫忙授粉的小蟲們被毛氈苔的捕蟲葉給捕食。

那麼我們要如何才能幫助這些毛氈苔授粉成功呢?其實除了少數幾款毛氈苔生來就比較難授粉結種外,大多數的毛氈苔只要在開放環境下,就算沒有小蟲們前來幫忙,也能透過微風吹拂移動花粉,達到授粉成功的目的,只不過透過人工的動作可以幫助它們授粉的更加完全,也能夠稍微提升種子的數量和品質,至於要如何幫助它們授粉呢?其實很簡單,只要按照以下幾個步驟就能輕鬆搞定啦!

正抽出花梗準備開花的寬葉毛氈苔

STEP 1　挑選健康且正在開花的毛氈苔

如果您的毛氈苔生長狀態不佳,小鴨王反而會建議您放棄讓它們開花授粉結種的想法,並且儘快剪除花梗,因為開花結種本來就會消耗毛氈苔植株本身的養分和能量,若植株太過虛弱不但有可能結不出種子,甚至會導致母株衰弱加速死亡,因此我們要盡量挑選生長正常且茂盛的植株。

STEP 2　揉合花朵中的雄蕊和雌蕊

接下來就是將這些正在盛開的毛氈苔小花,以水彩筆或小毛筆的軟毛刷來刷弄一下花朵中心,主要目的就是要讓雄蕊的花粉能夠碰觸到雌蕊,由於不同品種的毛氈苔花朵構造和形體稍微有些不同,就算搞不清哪個是雄蕊哪個是雌蕊也無妨,只要仔細溫柔的把它們揉捻攪和一番就搞定啦!

STEP3 等候花朵授粉成功後花苞收縮和膨脹

由於毛氈苔的花序就像鞭炮一樣一大長串，花朵
也會由下往上依序綻放，因此蝕友們必須每天幫
這些依序新開放的小花刷弄一番，才能讓每朵小
花都成功授粉。授粉成功的花朵會閉合緊縮起來，
只要觀察緊閉的花苞慢慢膨脹起來，即表示授粉
成功子房正在孕育種子，這時可別把它們給摘下
來，要等到鮮綠的花苞完全乾枯焦黑且裂開，種
子才算成熟可以採集喔！

STEP4 剝開乾燥裂開的花苞並收集種子

等到花苞轉黑乾燥八、九成時表示種子已經成熟，
為避免種子迸裂開來四處飛散，小鴨王建議用小
型透明的夾鍊袋把整串花朵打包起來，完熟的花
苞只要用小鉗子輕輕剝開，就可以看到那些散布
出來像是小沙子一樣的毛氈苔種子囉！

STEP5 儘速將種子播入土中

收集到的毛氈苔種子最好趁新鮮時播入土中，因
為這些種子無法長時間保存，越是新鮮的種子，
萌芽機率就會越高，通常保存半年左右的時間，
種子的萌芽率就會大打折扣。播種時只要將種子
輕柔的撒在土表即可，千萬不要再覆蓋土壤，只
要保持介質潮溼，經過一、兩個禮拜它們就會萌
芽長出小小苗來了。

Q　毛氈苔的葉插繁殖法

從種子開始種起是非常辛苦且耗時費力的繁殖方法，若是一年生的毛氈苔還可以忍受，但若是多年生的毛氈苔，那可真的要等到天長地久才能欣賞到成熟的植株。為了快速縮短這個漫長的過程，大多數的蝕友們會選擇採用「葉插」方式來繁殖自己手頭上的毛氈苔們，在此小鴨王來教導大家如何用最輕鬆且簡易的清水葉插繁殖法吧！

MEMO
葉插毛氈苔

STEP 1

首先是挑選想要拿來葉插的毛氈苔，為了提高成功機率，要盡量挑選目前生長旺盛的毛氈苔，千萬不要選擇病懨懨或是虛弱幼小的植株，健康的毛氈苔表示目前正值它們最喜愛的生長節氣，本次挑選的教學對象是叉葉毛氈苔，喜歡涼爽的它們在進入冬季時期後，枝葉的生長速度會快上許多，正適合拿來進行葉插繁殖法。

STEP 2

準備好銳利的剪刀，將毛氈苔的葉子分段剪下，不要切的太碎，每一段長度大約 2～3 公分左右即可，除了捕蟲葉以外，就連沒有黏液的葉柄也別放棄嘗試，雖然它們沒有捕蟲葉身要來的容易成功，但是萌芽成功的機率也不低。

STEP 3 ~ STEP 4

準備一個透明的玻璃水瓶裝入清水後，將剛
剛剪斷的毛氈苔碎片通通放入瓶中，並且在
瓶身貼上時間標籤作為紀錄，接下來就是將
水瓶擺放在明亮有光照的地方，定期加入或
是更換清水，保持瓶中水質乾淨與清澈，千
萬不要讓瓶中的水完全乾枯。

STEP 5

在經過一至兩個月左右的時間後，如果您仔
細觀察這些漂浮在水中的捕蟲葉，就會發現
它們開始冒出小小的嫩芽，再過不久就會開
始產生獨立的根系，這時候就可以將它們從
水瓶中撈起，平鋪在水苔上或拿來栽培在毛
氈苔的介質上，一段時間後就會穩定扎根開
始生長，你說這樣的清水葉插法是不是很簡
單呢！

Q 毛氈苔有什麼病蟲害需要注意呢？

　　毛氈苔最常遇到的病蟲害有兩種，第一個當然就是蝴蝶、蛾類的幼蟲，由於毛毛蟲們的體積太大，毛氈苔細小的捕蟲葉無法捉住牠們，且這些小毛蟲又會把毛氈苔的葉身當作雜草一樣整個啃蝕殆盡。雖然很容易捕捉到這些討厭鬼，但也常常一個不注意就會全盆都被吃光光，真的要特別小心留意。

　　另外一個討厭的訪客就是蚜蟲啦！這些小傢伙大多都是螞蟻搬遷過來的，它們會在毛氈苔的植株中心大量繁殖，並且吸食植株體內的汁液，由於蚜蟲的體積小不容易被發現，很多時候都是等到它們開始脫殼在土表產生白色碎屑，或是整株植株長滿蚜蟲，看起來怪怪的時候才會被留意到。

　　對付這些害蟲的辦法，最簡單的方式就是直接隔離或是移除牠們，盡量不要噴灑藥劑，尤其是一些乳劑類型的藥劑對於敏感的毛氈苔來說非常傷，有時候蟲子還沒殺光，小毛就已經先陣亡了。假如您的植株發現蟲害，最好的方式就是先隔離避免災害擴大，再來就是用毛筆沾水將害蟲沾黏驅除，只要多加留意勤勞一些，蟲害是可以避免和控制的喔！

延伸閱讀

小鴨王的部落格有更進一步介紹對付蚜蟲的方法。

https://taiwancp.blogspot.com/2017/04/blog-post_44.html

MEMO

如果您家中的毛氈苔原本都生長得很優很美，突然有一天變得乾乾醜醜的，仔細觀察又發現土表上有許多白色的粉殼，那麼這就表示您的毛氈苔正遭受蚜蟲侵襲。蚜蟲一直都是栽培毛氈苔最常遇到的小害蟲，這種蟲的體積小到毛氈苔的捕蟲葉都無法捕捉到牠們，常常會聚集在植株的頂芽嫩葉間吸食汁液，一沒注意就讓您的毛氈苔變成醜八怪。

正遭受蚜蟲侵襲的毛氈苔

Q 什麼時機才適合幫毛氈苔更換盆土呢？

　　隨著栽培時間一久，用來栽培毛氈苔的土壤難免開始出現雜草叢生、變硬變質、土壤流失等問題，為了能夠維護好毛氈苔生長的環境，有時候適當的更換或是混合添加新土是有必要的，尤其當您的毛氈苔是屬於多年生的品種，那麼更換盆土可以讓植株具有新的生長活力，不過假如您的毛氈苔是屬於一年生的品種，那就不需要更換盆土的步驟，只要等它們開花摘取新鮮的種子後，再播種到新的盆土裡就可以囉！

　　至於換盆、換土的時間，最好還是選擇在春天或是秋天這種天氣不會太冷，也不會太熱的時候最佳，除非您真的很有把握和經驗，或是遇到一些不得不立刻處理的問題，不然小鴨王還是建議您盡量不要在正暑和正冬時去更換盆土。另外，換土的頻率也不要太過頻繁，過度打擾毛氈苔的根系發育會讓植株衰弱，最好還是一年換土一次就算足夠了。

雜草交錯的毛氈苔

Q　有哪些毛氈苔會怕冷或怕熱？

一年生的毛氈苔通常會隨著季節變化而成長，它們會在春天發芽，夏天成長茁壯後開花，並且在秋天結出種子渡過冬天後再重新萌芽。因此，若您是栽培一年生的毛氈苔，大多不用特別在意氣候變化會對植株有什麼影響，不過如果您是栽培多年生的毛氈苔，那就比較需要去注意這些毛氈苔的生長緯度和環境，是否能夠承受台灣夏季的高溫或是冬季的酷寒，像是阿迪露和好望角這類毛氈苔，夏季就會懼怕超過35℃以上的高溫，在酷熱的夏天裡這些小毛們往往看起來病奄奄的，這就是典型的熱衰竭現象。至於北領地毛氈苔家族則剛好相反，喜歡高溫但是卻會懼怕冬季的低溫，因此如果您真心想要栽培好這些毛氈苔的話，就要仔細去查詢和瞭解它們的原生環境，還有所處緯度以及氣候類型，才能知道它們的個性和弱點。

MEMO

圖中的北領地毛氈苔渡過酷寒，在春天氣候溫暖後慢慢甦醒過來，所以如果您所栽培的毛氈苔是屬於多年生的植株，可別因為它們的葉子完全枯萎，就以為已經夭折死亡而丟掉囉！小鴨還是建議各位可以保留盆土兩、三個月等過季後，觀察一下植株中心的土表，說不定會有新的芽點重新生長出來。

休眠後甦醒的北領地毛氈苔

延伸閱讀

小鴨王的部落格有更進一步介紹好望角毛氈苔復活的經過。

https://taiwancp.blogspot.com/2007/09/blog-post_15.html

Q  各式各樣的毛氈苔

除了介紹以上市場常見的品種外，其實還有不少漂亮又美麗的毛氈苔存在，只是它們並不常出現在市面上，如果將來有時間和機會的話，小鴨王也會透過各種管道與方式，慢慢地來介紹給大家認識與欣賞。

絲葉毛氈苔
Drosera filiformis

馬達加斯加毛氈苔
Drosera madagascariensis

叉蕊毛氈苔
Drosera schizandra

委內瑞拉毛氈苔
Drosera "Auyan Tepui"

貝子毛氈苔
Drosera prolifera

巢型毛氈苔
Drosera nidiformis

漂浮毛氈苔
Drosera admirabilis

絨毛毛氈苔
Drosera capillaries

延伸閱讀

小鴨王的部落格有介紹討論毛氈苔的基本栽培。

https://taiwancp.blogspot.com/2017/05/blog-post_17.html

CHAPTER 5

瓶子草篇

Q 瓶子草的基礎知識介紹 — 原生環境

瓶子草也被稱爲美國瓶子草 American Pitcher Plant，它們原生於北美洲各地，主要集中在美國東南沿海地區以及加拿大南部，可以說是和捕蠅草一起被稱爲美國食蟲植物的招牌兩寶。瓶子草大多生長在潮溼、開闊、陽光充足沒有什麼樹木的草原溼地上，由於土壤中的養分定期會受到雨水沖刷，因此造就了一個貧脊偏酸性的環境，讓瓶子草們能夠在這塊特殊的區域內生長，並且依靠捕食獵物維持生長所需的養分，具有不會被其他強勢植物搶走地盤的優勢。

Q 瓶子草是如何捕食昆蟲獵物呢？

　　瓶子草的捕蟲瓶大多會有鮮豔的紋路和網格，這讓小蟲誤以為是可以採集花蜜的花朵，當昆蟲與獵物靠過來，立刻會被瓶蓋和瓶頸處腺體所分泌出的蜜汁給吸引，當小蟲們正大肆享用這些甜甜的蜜汁時，往往會忘記自己正身處在一個非常危險且不穩定的姿勢，當一陣風吹來或是不小心腳滑失足，很容易就會跌入正下方的捕蟲瓶中。由於瓶子草的捕蟲瓶內壁不但高挺狹窄又很光滑，落入瓶中的小蟲飛不起也爬不出來，最後只能沉入瓶子底處被消化液給慢慢消化，再透過瓶子內壁上的腺體來吸收，就算蟲體太大、太多，沒有時間完全消化吸收也沒關係，這些消化不完全的小蟲軀體，也會隨著捕蟲瓶老化乾枯後掉落到土壤之中，藉由土中的微生物和細菌來分解後，再由植株的根系吸收利用，因此瓶子草可以說是非常環保，並且善加利用資源的食蟲植物喔！

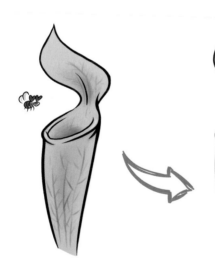

蜜汁誘捕法

蜜腺
瓶子草會利用頂蓋下方瓶頸的部位，分泌出蜜汁來吸引小蟲靠近取食。

導引毛
當小蟲失足掉落瓶中時，瓶壁內側會有許多尖銳的導引毛，讓小蟲無法爬出瓶身，只能越陷越深。

消化液
精疲力盡的小蟲最後只能落入消化液中溺死，並且慢慢的被消化吸收成瓶子草的養分。

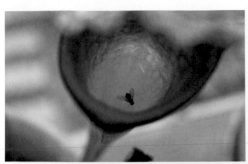

捕捉獵物的瓶子草

MEMO

我們用剪刀將已經完全乾燥枯萎的瓶子草老葉切剪開來，就可以看到這些被瓶子草所捕捉到的昆蟲殘骸，這些殘骸大多都是已經被消化剩下的空殼，只要稍微捏壓就會整個脆化，之後也會隨著老葉一起沉積到土中被微生物所分解，再由瓶子草的根系來吸收享用。

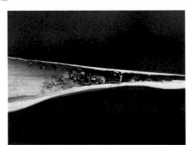

被瓶子草消化後的殘骸

Q 瓶子草每天需要多少時間的光照呢？

瓶子草和捕蠅草一樣，都是生長在地處空曠開放，沒有什麼大樹和遮蔽物的沼澤溼地裡，頂多就是一些矮小的灌木和雜草伴隨著它們，因此每天接受到的陽光可以說是非常扎實，小鴨王會建議各位可以找尋每天能夠直晒陽光超過六小時以上的環境來栽培它們，假如您的瓶子草植株夠大，根系也很成熟的話，想要讓它們能夠結出美麗鮮豔的捕蟲瓶和健康的花朵，更是建議將它們安置在能夠直射陽光八小時以上的全日照環境。只有充足優質的陽光才能夠讓您的瓶子草正常生長與結瓶，這一點是蝕友們要優先考慮的環境條件喔！

MEMO

想要讓您的瓶子草又大又美，那麼優質且長時間的陽光絕對是不可缺少的條件，光照不足的瓶子草大多缺乏元氣與色澤，捕蟲瓶也不會硬挺扎實，所以想要栽培瓶子草的話，一定要挑選家中陽光照射時間最長最久的環境喔！

充分光照下的瓶子草

Q 我應該用什麼樣的介質來栽培瓶子草呢？

如同捕蠅草，小鴨王也會建議蝕友們可以使用泥炭土混合一些砂粒大小的顆粒土，像是桐生砂、博拉石、赤玉土等細顆粒的顆粒土，比例是泥炭土1份搭配砂質顆粒土1份，土和沙1：1的配方為基礎，如果您給水頻率比較少的話，可以增加保水性佳的泥炭土，假如您喜歡天天澆水或是使用比較大的盆器來栽培瓶子草，那麼也可以多增加一些顆粒土的比例來提高排水透氣性。

此外，也建議蝕友們可以將土壤的酸性控制在ph5～6左右的弱酸環境，如果介質太酸，雖然瓶子草的色澤會很鮮豔，但是成長速度也會大幅度下降，除了泥炭土的混合介質外，使用全水苔來栽培瓶子草也是相當不錯的選擇，尤其是使用沒有排水孔洞的玻璃盆器，或是光照非常充足但盆器體積不大時，就是水苔最佳的用武之地啦！

MEMO

使用玻璃缸盆器來栽培矮種的瓶子草，像是胖胖的紫瓶子草就很適合栽培在圓形的球缸或是杯缸內，不過若是要栽培在這種沒有排水底孔的盆器中，小鴨就會選擇使用水苔來當作栽培介質，一來保水性高的水苔可以撐很久再給水，二來水苔比土看起來更乾淨更美觀，如果搭配上鮮活水苔更是能凸顯瓶子草的鮮豔色澤，成為最佳的配角。

玻璃缸栽培瓶子草

延伸閱讀
小鴨王的部落格有更進一步介紹食蟲植物用混合介質的討論。
https://taiwancp.blogspot.com/2017/05/blog-post_78.html

Q　我應該要用什麼樣的方式來給瓶子草澆水呢？

　　給瓶子草澆水要注意的事項有兩點，不論是高挺型態的瓶子草還是低矮型態的瓶子草，其實兩者都可以直接從植株身上灌澆，不過高型態瓶子草給水時要避免使用過度強力的水柱，因為在強力水柱沖擊下，很有可能會讓您的瓶子草東倒西歪，最好還是以蓮蓬頭式的噴頭來給水，另外就是給水頻率也要注意，在春、夏季時期正是它們快速生長的時候，這段時間瓶子草的根系非常發達，吸水也很快速，如果您是將它們栽培在陽光充足的頂樓，那麼很有可能一個上午就可以把盆土中的水分給完全吸乾，若您不希望每天都要忙著澆水的話，也可以墊上水盤使用腰水法來提供瓶子草充分的水源。不過這種腰水法到了冬季之後就要有所改變，因為冬季時期的光照往往不會太強又經常下雨，尤其是北台灣更是經常陰雨綿綿，這時候如果還是採用水盤腰水，往往會讓您的介質太過

潮溼而導致根系腐敗或是土壤變質，因此小鴨會建議大家可以在進入秋天之後，就準備將腰水用的水盤收起來，改成正常的灌澆給水即可，至於給水頻率就等土表乾了再澆水就行了。

瓶子草水盤圖

Q　我應該要將瓶子草栽培在哪些地方呢？

栽培了許多年之後，小鴨發現有兩個地方非常適合栽種瓶子草，第一個就是位於頂樓擁有透明採光罩或是玻璃屋的地方，如果您家中有這種頂樓房間的話，非常適合將瓶子草栽培在那裡，因為有玻璃採光罩的遮蔽，不會讓雨水灌淋進來壓壞您的瓶子草，也可以讓瓶子草們享受最直接、最長久的優質陽光。假如您沒有這類房間也沒關係，有許多居住在大樓華廈的蝕友們會將瓶子草帶上頂樓陽台處栽培，我們可以將瓶子草擺放在面向東、背靠西

的牆面旁，讓瓶子草能夠接受一整個上午的優質太陽，也能透過牆面來抵擋高樓強大的側風，至於頂樓栽培可能會淋到雨水以致瓶子草仆倒的問題，也有許多解決改善方式，像是將瓶子草統一集中栽培在一個大型且有高度的保麗龍箱內，在適當高度打上幾個排水孔宣洩累積的雨水，或是使用附有支架的盆器來栽培，也可以避免瓶子草被風雨給打倒，總之，選擇栽培瓶子草的地點最優先要決定的條件就是陽光喔！

MEMO

為避免高挺的瓶子草被大雨和強風給吹倒，小鴨會採用塑膠盆專用的圓環支架和透明花套袋子來搭配使用，這些小道具的好處就是能夠提供瓶子草穩定的生長空間，不會讓瓶子草因為生長的太高而東倒西歪，這類小道具都能在專門的花卉園藝材料行找到。

塑膠盆栽培瓶子草

Q 瓶子草有哪些品種呢？

　　全世界的瓶子草到底有哪幾種呢？由於植物學家們的個人觀點和對物種概念的不同看法，所以還有許多問題尚未釐清，究竟哪些是獨立品種，還是變異的個體呢？又或是另類的亞種呢？不過若是拋開這些應該要由專業學者們去煩惱的話題，比較沒有爭議可以確立的瓶子草品種有八種，分述如下，不過市面所販售的瓶子草大多都是屬於交配、混血過的園藝瓶子草。

翼狀瓶子草 *Sarracenia alata*

翼狀瓶子草算是市場上比較常見到的高挺型原種瓶子草，由於瓶身偏綠再加上網紋色澤淺淡，除了生長速度快、環境適應力強外，實在沒有什麼明顯突出的特色，因此經常都是拿來當作園藝配種用的母本，藉由它們強韌的生命力來提升瓶子草的生長速度和對逆境的抗壓性。

黃瓶子草 *Sarracenia flava*

黃瓶子草在園藝市場上非常受到歡迎，除了瓶色個體表現非常多元外，它們擁有一個圓盤狀的大帽蓋，成熟的瓶身也會非常高大，在國內外市場是食蟲植物迷們爭搶收藏的對象，不過也許是因為對於本地環境氣候有些挑剔，想要種好它們確實有一些難度存在。

鸚鵡瓶子草 *Sarracenia psittacina*

瓶如其名，鸚鵡瓶子草的葉身外觀就像是一個
個鸚鵡嘴喙般，它們和大多數高挺型態的瓶子
草不同，瓶口和瓶唇並不會分泌蜜汁，而是利
用瓶身上紅白相間的網格所產生的光影效果來
吸引小蟲的趨光性，算是所有瓶子草中身型最
矮的。也因為身材矮小，所以不用擔心瓶子會
被強風和暴雨給打倒，栽培起來格外輕鬆，市
場上也有不少利用鸚鵡瓶子草來當作交種的園
藝瓶子草喔！

紅瓶子草 *Sarracenia rubra*

這也是一株高挺型態的瓶子草，不過也許
是因為和翼狀瓶子草有些相似，或是瓶身
個體沒有太多顯眼的特徵，鮮少有園藝業
者願意去進口和推廣它們。小鴨也只有栽
培過全綠個體的小紅瓶子草，以及一些它
們的配種園藝紅瓶子草。

園藝紅瓶子草

白網紋瓶子草 *Sarracenia leucophylla*

毋庸置疑,不論是歐美還是亞洲,這白瓶子草可
說是全世界食蟲植物玩家們公認最美麗的品種,
光看那亮麗潔白宛如藝術品般的網格美瓶,就已
經讓人動心不已,還有什麼理由會讓人不愛上它
們呢?不過它們也和黃瓶子草一樣有些難搞,最
漂亮的時期大概就是 3～6 月春末夏初這段時間,
天氣太熱或太冷的時段它們都長得不是很漂亮。

小瓶子草 *Sarracenia minor*

小瓶子草的外觀也算非常獨特好認,它的瓶口前
傾就像是駝背彎曲的瓶子一樣,瓶首的背後有著
些許白色網格,小瓶子草就是利用這些白色透光
的網格,製造出類似彩繪玻璃的光影效果,來達
到吸引小蟲的趨光性,讓獵物能夠爬入瓶中被捕
捉住喔!

綠瓶子草 *Sarracenia oreophila*

本款瓶子草就像是黃瓶子草和翼狀瓶子草的混合版,大概是因為
相似性太高的關係,在市場上鮮少流通,小鴨一直到現在都沒有
看過它們出現在一般市場上,也許真的有業者在販售流通它們,
不過也有可能因為長的太像其他品種,而搞混用錯了也說不定,
想一睹它們長相的蝕友們可以上網去搜尋一下,就知道它的廬山
真面目啦!

紫瓶子草 *Sarracenia purpurea*

紫瓶子草也被稱為海豚瓶子草或是胖胖瓶子草，它們是市場上流通最廣最容易被看到的瓶子草，身材只比鸚鵡瓶子草要高上一些，栽培起來也是和鸚鵡瓶子草一樣非常輕鬆好種，不用在意強風和大雨，對於冷熱天氣也有非常好的抗壓性，可說是非常好種的原種瓶子草喔！

延伸閱讀

小鴨王的部落格有更進一步介紹紫瓶子草的內容與討論。
https://taiwancp.blogspot.com/2013/05/sarracenia-purpurea.html

Q 冬天為何都看不到瓶子草的捕蟲葉呢？

瓶子草在進入冬季之後，北美原生地的氣候會變得非常惡劣甚至開始下雪，這時候為了能夠保存養分和能量，瓶子草們就會進入休眠時期，它們會停止生長具有捕蟲功能的捕蟲葉，而改生成單純進行光合作用的扁平狀休眠葉，這時所有的養分會累積收集到植株中心，一個類似大蒜形狀的球莖之中。假如您是在北台灣栽培它們的話，冬天時可以不用刻意讓植株避寒，應該讓它們盡量待在戶外享受低溫與寒風，這段時間的瓶子草會長得很醜，並且充滿枯黃的老葉，但不用太過擔心，只要定期查看土表，如果乾了就澆澆水，不要再使用水盤腰水以避免土壤太溼，等到春天之後再來更換盆土和清除雜草整理它們即可。

如果您是居住在南台灣的朋友們，可以在十二月天氣開始轉涼時，將瓶子草從盆土中挖起，去除土壤並且清洗乾淨之後，用乾淨全新的水苔包裹根部，接著用夾鏈袋包好放入冰箱冷藏，這樣透過人工冬眠方式，可以幫助您的瓶子草好好休息累積能量，等到二個月左右，就可以將它們從冰箱取出，重新植入新的盆土，擺放回戶外讓植株繼續生長。

瓶子草休眠葉

延伸閱讀
小鴨王的部落格有更進一步介紹強制人工休眠的討論。
https://taiwancp.blogspot.com/2017/04/blog-post_38.html

Q　我要如何繁殖我的瓶子草呢？

瓶子草在經過多天的休眠之後，只要您的植株夠成熟，當進入春天氣候開始轉暖時，就會抽出長長的花梗，並且開出像是燈籠一般非常漂亮的花朵來。雖然瓶子草確實可以自花授粉來繁殖下一代，不過從種子開始栽培的過程非常麻煩且費時，小鴨王還是建議蝕友們改用自然分株的方式繁殖。其實只要您栽培的時間夠久，瓶子草的球莖就會慢慢地變大並且開始發展出側芽，小鴨通常都會等到冬天休眠期過後，將盆土連同植株一起翻出來整理，去除其他雜草的根系糾結，還有翻鬆土壤並添加新土時，剛好可將這些瓶子草延伸出來的側芽球莖用手輕輕剝開，基本上這種帶有根系的小側芽非常容易存活，至於進行操作的時間盡量選在 4 月到 6 月，春天到初夏是最好的時機喔！

MEMO

瓶子草的花朵就像是一個小燈籠般造型特殊，只要植株成熟、根系穩健，通常會在春季時開始抽出長長的花梗，有機會看到它們開花的話別忘了多拍幾張照片紀念一下喔！雖然瓶子草授粉結種的機率不低，不過它們的種子必須經過特殊的處理才能萌芽，再加上生長速度超慢，小鴨還是建議大家採用分株方式來繁殖手頭上的瓶子草會比較實際喔！

瓶子草的花朵

延伸閱讀

小鴨王的部落格有更進一步說明幫瓶子草分株的討論。

https://taiwancp.blogspot.com/2017/05/blog-post_80.html

Q 瓶子草有哪些病蟲害問題呢？

瓶子草最常見、也最討厭的蟲害有兩種，分別是土上還有土下的，土上的部分就是薊馬。雖然也會有一些毛毛蟲跑來啃食的問題，不過毛毛蟲體積大，很容易就會察覺到，只要簡單移除害蟲就能解決問題，但是薊馬的體積非常小，比自動鉛筆芯還要小，牠們會群聚在頂芽嫩葉的部分吸食葉汁，如果放著不管很快就會讓瓶子草們出現歪七扭八、掉漆掉色的醜態喔！

另外一種害蟲則是存在於土裡，叫做根粉介殼蟲，由於瓶子草的根系非常發達，這些討厭的小蟲會在土中產卵群聚在一起，當蟲子的密度過高時，就會有許多白色的棉絮出現在植物根部，只要翻開包裹根系的土壤很容易就會發現，這表示您的瓶子草正遭受根粉介殼蟲的侵襲。這兩種害蟲雖然會讓您的瓶子草長得奇醜無比，但是鮮少會讓強韌的瓶子草們夭折陣亡，想要處理害蟲除了噴藥以外，也可以將舊的土壤倒掉去除，並且將植株完全浸泡在肥皂水中淹死這些害蟲，只是這些害蟲經常存在於大自然中，通常只要一段時間就會自己跑過來，算是一個非常讓人煩惱的惡鄰居啦！

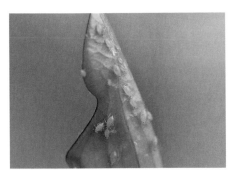

爬滿蚜蟲的瓶子草

延伸閱讀
小鴨王的部落格有更進一步介紹薊馬蟲害的討論。
https://taiwancp.blogspot.com/2017/05/blog-post_16.html

根系正遭受根粉介殼蟲侵襲的瓶子草

延伸閱讀
小鴨王的部落格有更進一步介紹清除根粉介殼蟲的討論。
https://taiwancp.blogspot.com/2017/04/blog-post_27.html

經過配種之後各色各樣的
園藝瓶子草

　　經過配種之後各色各樣的園藝瓶子草
除了之前介紹過的那八種原生種瓶子草
外，其實市場上所流通和接受度比較高的
大多是經過配種之後的園藝瓶子草，這是
因為經過配種之後的瓶子草除了瓶身色彩
迷人變化多端外，它們對於環境的抗壓性
和生長速度也都比原生種要來的優秀，小
鴨王在這兒也就分享一些漂亮的園藝瓶子
草來給大家欣賞一下囉！呱哈～

各種園藝瓶子草

各種園藝瓶子草

延伸閱讀
小鴨王的部落格有更進一步介紹栽培瓶子草的基礎討論。
https://taiwancp.blogspot.com/2017/05/blog-post_3.html

後記

呱呼～感謝您耐著性子慢慢看完小鴨王呱了這麼長一大篇，雖然還有很多想要和您分享與暢談的事情，不過咱們篇幅實在有限，再講下去恐怕會讓本書變得像是辭典一樣厚啦！呱哈哈哈～

其實栽培植物本身就是一條漫長的修行道路，每一位栽培者會遇到的考驗和經過的關卡也都不同，只有不斷地學習與嘗試才能讓您的栽培功力精進，當您遇到問題的時候可以翻翻本書，或是看看小鴨王的部落格，說不定就會有一些方向和線索可以提供給您，當然，如果您不嫌棄小鴨王非常嘮叨聒噪的話，也非常歡迎您可以來台北建國花市找小鴨聊聊天啦！

另外，只要您有任何關於食蟲植物的種種問題，隨時都歡迎來信到小鴨王的 Gmail 信箱，或是直接在部落格和台灣蝕會的臉書上留言，小鴨王會固定時間檢視網站和信箱，只要有時間一定會盡速給您回覆，在此誠心的祝福您栽培順心、健康快樂囉～呱喔喔喔！

捕蟲堇

露松

地生食蟲鳳梨

彩虹草

著生食蟲鳳梨

除了小鴨王之前介紹過的食蟲植物外，其實還有許多長相奇特、美豔迷人的食蟲植物存在喔！不過它們在市場上的流通並不頻繁也不常見，小鴨也就先保留起來，將來如果還有機會能夠和大家分享的話，一定再用咱們獨特的鴨氏語法來教導您如何栽培賞玩它們囉～呵哈哈哈！

狸藻

貉藻

國家圖書館出版品預行編目 (CIP) 資料

在家也能種食蟲植物 / 小鴨王 Duckking 作；
-- 初版 . -- 台中市：晨星，2020.06
　面；　公分 . --（自然生活家；40）

ISBN 978-986-443-991-1（平裝）

1. 觀賞植物 2. 食蟲目 3. 栽培

435.49　　　　　　　　　　　109003079

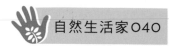

自然生活家O4O

在家也能種食蟲植物

作者	小鴨王 Duckking（陳英佐）
主編	徐惠雅
執行主編	許裕苗
版型設計	許裕偉

創辦人	陳銘民
發行所	晨星出版有限公司
	407 台中市西屯區工業 30 路 1 號 1 樓
	TEL：04-23595820　FAX：04-23550581
	行政院新聞局版台業字第 2500 號
法律顧問	陳思成律師
初版	西元 2020 年 06 月 06 日
二刷	西元 2022 年 02 月 23 日

讀者服務專線	TEL：02-23672044 / 04-23595819#212
	FAX：02-23635741 / 04-23595493
	E-mail：service@morningstar.com.tw
網路書店	http：//www.morningstar.com.tw
郵政劃撥	15060393（知己圖書股份有限公司）
印刷	上好印刷股份有限公司

定價 380 元

ISBN　978-986-443-991-1

詳填晨星線上回函
50 元購書優惠券立即送
（限晨星網路書店使用）